Rea手繪食譜

# 是便當
# 也是餐桌料理

## 88道零失敗減醣食譜

食材好買、調味料現成、做法簡單
一看就上手，讓人吮指回味！

作者／賴佳芬

布克文化

# 邊畫邊做菜
## 手繪食譜記錄媽媽對家人的愛

2013 年決定離開職場後，兩個還在念小學的兒子對我提的第一個要求竟然是：「媽媽請妳幫我們做便當！」想來是孩子看到同學每天中午吃媽媽送來的便當都很羨慕，完全沒考慮自己的媽媽因為工作很少下廚其實不太會做飯啊！然而回歸家庭的初衷是為了孩子，我硬著頭皮答應了。

四十歲才新手下廚，從小遇到不會的事必定先找書研究的我，開始每天和兒子們一起翻食譜讓他們點菜，只要食材好買、調味料現成、做法簡單，我就會試試看。有時成功有時失敗，失敗時只好 12 點前趕去買兩個便當充數。要是小孩便當盒空空的回來，就有無比的成就感。

我從小喜歡畫畫，但走的是一般的升學路，高三以後就沒有拿過畫筆了。當主婦後上過一陣子水彩課，可惜沒時間固定上課就停了，但被燃起的畫魂總想再畫點什麼，想起老師畫的手繪食譜，一時興起也把常推薦給朋友、簡單又好吃的菜色畫出來。按在職場做 PPT 時讓人一張圖看懂一件事的習慣，2017 年 9 月用水彩畫出第一張手繪食譜後掃瞄上傳臉書。朋友們鼓勵我去臉書社團發表，進而設立【Rea 手繪本】這個粉專，畫著畫著就畫出這本書了。

本書收錄的手繪食譜（含延伸食譜合計 88 道），大部分是我在大兒子高三時為他做的常溫便當菜色。上高中起中午一直吃外食的哥哥，在認同減醣但外食很難不吃到澱粉的情況下，高二下開始請我幫他做不放米飯的減醣便當帶到學校蒸。一學期下來發現很多青菜不適合蒸，有限的菜色很快也吃膩了，我因而在他升高三的暑輔開始，改成每天早上 5:30 起床準備當天

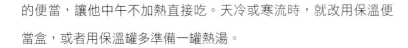

的便當，讓他中午不加熱直接吃。天冷或寒流時，就改用保溫便當盒，或者用保溫罐多準備一罐熱湯。

雖然有點辛苦，但想到這孩子吃媽媽做的便當也沒幾個月了，就能打起精神做下去。每天都很認真想新菜色，儘量遵守減醣、使用原食物的大原則，從他接受的食材裡變化不同的組合和口味。在孩子備考之際，這些便當就是媽媽愛的應援。這些食譜能畫到現在，也要謝謝兩個孩子一路以來向我回饋當日菜色的優缺點、調味是否需要調整。畫食譜的時候，我總想著他們將來在異鄉求學時，或者出社會後無論是在哪裡工作，在想家的時候，是不是也能照著我畫的食譜自己做一頓飯，吃到媽媽的味道。

這些菜除了給孩子們做便當，也是我家餐桌的日常菜色。沒有功夫菜，每一道都是食材易取得、使用家中現有調味料、步驟簡單不繁複、口味也得到先生兒子們認同的簡單食譜。網友們說看了這些圖就有種很想立刻動手做做看的衝動，希望它們也能讓您願意動手做做看，讓自己和家人吃得開心又健康。

## 目錄

### PART 1
## 元氣主菜

# 寫 在 食 譜 之 前

**🍴 事前準備**

因為中午不加熱直接吃，我都是早上 5:30 起床給孩子做當天的便當。

要能在早上做好便當並準備早餐，事前的準備工作很重要，大原則就是前一晚把所有的備料都準備好分盒收納冷藏，早上只要取出備料直接下鍋即可。

幾個重點：

❶ 肉先醃好，醃過夜更入味。

❷ 烹調時間 30 分鐘以內的會在早上才下鍋，超過 30 分鐘的前一天先煮好（如燉肉類），第二天早上加熱即可。（蒜泥白肉也是前一天做好連同高湯冷藏，當天早上在高湯裡加熱後放涼再切片。）

❸ 蔬菜洗淨瀝乾，切好分裝。

❹ 水煮蛋可當天煮，亦可前一天先煮好冷藏，當天取出回溫即可使用。

❺ 湯品：建議都是前一天先煮好，早上加熱再裝罐，比較不會手忙腳亂。

**🍲 便當分裝原則**

❶ 因為不需要加熱，基本上什麼材質的便當盒都可以使用。

❷ 主菜和配菜用生菜或防油食品包裝紙分隔。配菜間也可視情況用點心紙模分隔。我常用的分隔生菜是大陸妹或者皺葉萵苣，葉緣卷卷的非常好看，孩子願意的話也可以就著主菜肉食一起吃。沒買到便宜漂亮的萵苣，我就用食品包裝紙。

❸ 等菜都涼了，再用乾淨的筷子湯匙夾菜裝盒，以免污染菜餚容易腐敗。

❹ 便當裡儘量不要有湯汁，否則菜色味道容易混淆，菜也比較容易變質。

**5** 現在許多中小學教室已有家長自費裝設冷氣，若天氣太熱溫度太高，教室便會開空調。早上做好的新鮮便當若放在這樣的室內，我的經驗裡放到中午是不會壞的。幫哥哥做這些常溫便當時，我通常也會幫自己做一份留到中午試口味，都是放在客廳沒有靠窗的桌上，家中沒有開空調，一年下來都沒有變質的情況。如果還是很擔心，可以在便當袋裡加個保冷劑更安心。

**6** 天冷要加碼一杯熱湯，建議用不鏽鋼保溫罐／燜燒罐。用滾水溫壺1分鐘後倒掉開水，將湯裝入保溫罐中再旋緊盒蓋，保溫效果更佳。

**7** 遇到燉肉這類熱熱的更好吃的主食，可將主食裝在保溫罐，或者改用保溫便當。同樣是裝盒前先用滾水暖盒一下，保溫效果更好。

### 🕐 食材分量
因為是做兩個兒子的便當，本書食譜食材做出來大多為 2～3 人份。

### 🥄 量匙
每個家庭用的湯匙大小不一，我覺得大家有一個共同的衡量標準比較清楚。食譜中用的是一般的料理量匙，1 大匙是 15ml，1 小匙是 5ml。

### 🐓 去骨雞腿排
我和家人都很喜歡雞腿排料理，用的是好市多或大賣場販售的去骨雞腿排，屬於肉雞。書中的去骨雞腿排料理分量大多是好市多的一小包，拆開即 2～3 片，2～3 片重大約 400～450 克。傳統市場賣的大多是土雞腿，單隻雞腿就重很多，肉質也比較有咬勁，煮的時間和煮出來的口感和肉雞應該不太一樣，大家可以按喜好和習慣自行調整。

### 🐔 雞翅

我大多使用好市多的雞中翅／翅腿，或者全聯賣的二節翅。雞中翅在料理前用叉子戳洞、翅腿肉厚處用刀劃開，都有助食材入味。雞中翅和翅腿都適用於書裡的雞翅料理，但二節翅的翅尖部位肉少，我會切下後另外冷凍保存，待收集一定的量之後用來煮雞高湯。

### 🐷 豬絞肉

我習慣買傳統市場老闆準備的肥瘦 3：7 比例的豬絞肉，一次買半斤（300 公克），所以食譜裡食材分量也以 300 公克為單位。

### 🐷 豬肉

豬邊肉、肝連、嘴邊肉在超市大多沒有賣，在傳統市場肉攤才買得到，尤其是肝連和嘴邊肉，一般至少要提前一天跟肉攤老闆預定，沒有預訂的話，通常是買不到的。

### 🍶 米酒和麻油

我自己看食譜的經驗裡，若要用到家裡沒有或很少會用到的調味料時，往往就跳過不做了，所以在準備這本書的內容時，都儘量直接使用一般家庭會有的調味料。即使是日式或韓式的菜色，清酒就用台灣的料理米酒代替，韓國麻油也直接改用台灣的麻油或胡麻油。若您家中有日本清酒和韓國調味料，當然更道地。

### 🌶 辣椒

因為我的孩子不吃辣，所以紅辣椒在我的食譜裡是配色功能。為了降低辣度，下鍋前會先去籽切好，先泡冷開水一陣子後瀝乾，起鍋前才加泡過水的辣椒拌炒一下。喜歡吃辣的人可以省去去籽泡水的動作，並且提前下鍋拌炒。

### 🧂 胡椒鹽

用鍋煎或炒的肉類食譜裡，因為烹煮時間較短、食材不易入味，我習慣先用一點胡椒鹽將切好的肉抓醃一下，在接著處理同道菜其他食材的短暫時間裡，肉也能先稍微入味，成品的滋味會更好。因各品牌胡椒鹽的鹹度差異頗大，每個家庭慣用的品牌也不盡相同，所以食譜中多用適量胡椒鹽抓醃而非指定明確的量。

### 🍯 糖和蜂蜜

書中大多數食譜和配菜都儘量遵守減醣、使用原食物的大原則。然而，我認為做出來的菜好吃、家人孩子愛吃最重要。有的菜沒有加點糖味道就不是最好，我幫兒子準備這些便當時是佛系減醣，所以沒有特意去買代糖，但食譜裡需要用到糖的時候，會儘量降低糖的用量。因為是佛系減醣，該用蜂蜜時就用，請大家隨需求決定何時要吃哪道菜，真的很在意，請自行購買代糖和無糖蜂蜜使用。

### 🧂 粉類

書中部分菜色會用到太白粉、玉米粉或麵包粉。雖然這些粉類含醣量相對較高，但因為用量不是很多，對口感也有其必要性，我會多少加一點。如果真的不願意用，除了特別標註的菜色之外（如起司嫩雞塊裡的麵包粉），其他可以不加，或者直接跳過這些菜。

### 🥔 根莖類

因為便當裡沒有幫孩子帶米飯，加上兒子很喜歡南瓜和馬鈴薯，我偶爾還是會幫他們帶一點根莖類的配菜。紅、白蘿蔔也是一樣，每道菜的用量都不是很多，加上大多是至少 2 人份的餐，平均下來攝取量會再少一點，我還是會使用。

### 🧅 洋蔥

雖然洋蔥的含醣量不是最低，但我和家人實在太喜歡這個食材了，請容我盡情的使用它。

《PART》

# 1

# 元氣主菜

這 50 道肉類食譜不但是這些年給兒子們做的便當菜，也是我家餐桌上的日常菜色。沒有功夫菜，每一道都是食材易取得、使用現成調味料，做法更是簡單的元氣料理。這些我家先生孩子認證過的好滋味，也和大家分享～

TACO RICE
# 沖繩塔可飯

莎莎醬

豆腐飯

水煮蛋

這道結合墨西哥塔可餅與沖繩米食文化的沖繩庶民美食，肉醬搭配清爽的莎莎醬和生菜絲，先生孩子每次吃都讚不絕口，搭配白飯或豆腐飯都非常好吃！

### 莎莎醬食材

| | |
|---|---|
| 中型牛番茄 | 2 顆 |
| 洋蔥碎 | 4 大匙 |
| 香菜 | 1 株（切碎） |
| 蒜末 | 1 瓣 |
| 檸檬汁 | 1 大匙 |
| 鹽 | 0.5 小匙 |

### 肉醬食材

| | |
|---|---|
| 豬絞肉 | 300 克 |
| 洋蔥 | 半顆 |
| 蒜頭 | 2 瓣 |

### 其他食材

| | |
|---|---|
| 美生菜 | 適量 |

### 肉醬調味料

| | |
|---|---|
| 番茄醬 | 2 大匙 |
| 醬油 | 2 小匙 |
| 蠔油 | 2 大匙 |
| 研磨黑胡椒 | 適量 |
| 鹽 | 適量 |
| 帕馬森起士粉 | 適量（可略） |

1 製作莎莎醬

中型牛番茄
2顆
去籽切小丁

洋蔥碎
4大匙

香菜碎
1株

鹽
0.5小匙

蒜末
1瓣碎

檸檬汁
1大匙

所有材料混合均勻，
放冰箱冷藏備用。

沖繩塔可飯

2 準備食材　　萵生菜適量,切絲備用

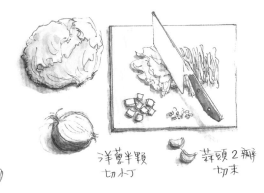

洋蔥半顆
切小丁

蒜頭2瓣
切末

3 熱油鍋,
將洋蔥丁及
蒜末炒香

4 加入絞肉
炒熟

豬絞肉300g

5 加入調味料拌炒入味,
即可準備裝盤享用

番茄醬
2大匙

醬油
2大匙

蠔油
2大匙

TOMATO
KETCHUP

醬油

蠔油

鹽
適量

研磨
黑胡椒
適量

PEPPER

6 裝盤享用♡

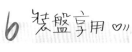

(5) 灑帕馬森起士粉
(4) 莎莎醬
(3) 塔可肉醬
(2) 生菜絲
(1) 白飯 / 豆腐飯

(可省略)

照燒金針菇
漢堡排

蜂蜜奶油
南瓜片

麻油炒
青江菜

蒜香奶油蘑菇

不加麵包粉或其他粉類的照燒金針菇漢堡排,從肉餡到照燒醬都做成減醣配方。
金針菇是減醣必備、便宜又營養、CP 值超高的上好食材,燒出來的漢堡排多汁又好吃。

*1* 將所有材料拌勻
至產生黏性。

豬絞肉
300g

金針菇
1包
切0.5cm末

蔥末
1根

醬油
0.5大匙

麻油
1大匙

雞蛋
1顆

薑泥
0.5大匙

白胡椒粉
適量

## 照燒金針菇漢堡排

*2* 以掌心握住的量,
用雙掌拍打成圓餅狀。

（約可做10個）

註:沒用完的肉餅,請放烘焙紙上
冷凍後收袋內,冷凍一個月內吃完。

*3* 熱油鍋,放入漢堡排,
中小火煎2分鐘至金黃,
再輕輕翻面。

*4* 蓋鍋小火燜煎
3分鐘開蓋

（此時可用筷子夾紙巾,
將鍋內餘油、湯汁擦乾）

米酒
1大匙

醬油
1大匙

味醂
1大匙

糖
1大匙

*6* 小火將醬汁濃縮.
讓漢堡排各面皆
均勻沾附醬汁
即可享用☺

*5* 在鍋中倒入事先調好的照燒醬
（若煎更多漢堡排,請等比例增加醬汁）

# 照燒金針菇漢堡排

## 食材

NOTES 我習慣用肥瘦比例 3：7 的絞肉，口感較佳。

### 食材

| | |
|---|---|
| 豬絞肉 | 300 克 |
| 金針菇 | 1 包 |
| 蛋 | 1 顆 |
| 葱末 | 1 根 |
| 薑泥 | 0.5 小匙 |

### 調味料

| | |
|---|---|
| 醬油 | 0.5 大匙 |
| 麻油 | 1 大匙 |
| 白胡椒粉 | 適量 |

### 照燒醬材料

| | |
|---|---|
| 米酒 | 1 大匙 |
| 醬油 | 1 大匙 |
| 味醂 | 1 大匙 |
| 糖 | 1 小匙 |

延伸菜單

*Recipes Inspired*

## 椒鹽金針菇漢堡排

**食材和調味料**

同照燒金針菇漢堡排

**作法**

**1** 漢堡排做法同照燒金針菇漢堡排。

**2** 熱平底鍋，加1小匙油後放入漢堡排，中小火煎至金黃後翻面，蓋鍋小火燜煎8分鐘至熟。

**3** 起鍋後兩面灑一點胡椒鹽，即可享用。

---

## 金針菇肉丸湯

**作法**

**1** 金針菇漢堡排肉餡再多加0.5小匙鹽調味拌勻，用手將肉餡甩打至產生黏性，再將肉餡用手擠成小肉丸（可用湯匙輔助）。

**2** 在煮各式湯品或火鍋時，水滾後將肉丸下鍋煮至浮起，再煮5分鐘至肉熟，即可享用。

義大利肉醬
櫛瓜麵

起司
嫩雞塊

生菜沙拉

水煮蛋

市售沙拉醬

想減醣卻好想吃義大利肉醬麵？那就用櫛瓜取代麵條吧！比一般義大利麵更加清爽又好吃。

### 食材

| | |
|---|---|
| 絞肉（牛豬皆可） | 300 克 |
| 洋蔥 | 半顆 |
| 牛番茄 | 2 顆 |
| 蒜末 | 2 瓣 |
| 切丁番茄罐頭 | 400 克 |
| 櫛瓜 | 1～2 條 |

### 調味料

| | |
|---|---|
| 酪梨油或橄欖油 | 1 大匙 |
| 月桂葉 | 2 片 |
| 伍斯特醬 | 1 大匙 |
| 義式香料 | 適量 |
| 鹽 | 適量 |
| 水 | 500ml |

| | |
|---|---|
| 研磨黑胡椒 | 適量 |
| 帕馬森起士粉 | 適量 |

*1* 準備肉醬食材

洋蔥半顆

切小丁

牛番茄2顆

蒜頭末2瓣

義大利肉醬櫛瓜麵

*2* 熱燉鍋，
加油炒香
洋蔥丁及蒜末

絞肉300g
(牛·豬皆可)

*3* 加入絞肉，
炒至肉色變白，
再加入番茄丁，
拌炒3分鐘。

亦可換成
巴薩米克醋

伍斯特醬
1大匙

切丁番茄
罐頭
400g

*4* 加入切丁番茄罐頭、
伍斯特醬、月桂葉、
義式香料與水，
滾後蓋鍋
小火燉煮60分鐘

酪梨油或
橄欖油
1大匙

義式
香料
適量

月桂葉
2片

鹽
適量

研磨
黑胡椒
適量

*5* 最後以鹽及黑胡椒
調味(若太酸可加糖)
即完成義大利肉醬。

水
500ml

# 6

(1) 用刨絲刀將櫛瓜
削成麥面條狀細絲

櫛瓜
1條

(3)
刨刀削不動的
軟芯可丟棄、
或改用菜刀
切成絲。

(2) 削至軟芯處、換邊繼續削.

# 7

用乾淨的布或用手.
將櫛瓜多餘的水分
稍微擰乾。

# 8

熱炒鍋.
加入2-3湯勺
左右的肉醬
中火煮滾。

# 9

加入擰乾水分的
櫛瓜絲.開始計時,
拌炒40秒
即熄火盛盤。

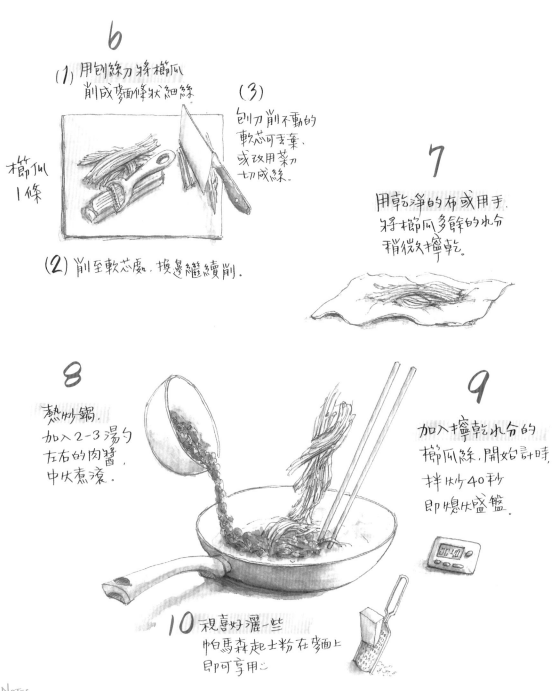

# 10 視喜好灑一些
帕馬森起士粉在麥面上
即可享用。

NOTES

① 不想一開始就買價位較高的蔬果削鉛筆機的話,可以像我一樣先用簡易型蔬果刨刀（見手繪圖）。它和一般削皮刀很像,
　但刀片呈鋸齒狀,市場、大創、百貨店裡皆有販售,幾十元就可買到。

② 蔬果削鉛筆機削出來的櫛瓜麵比較粗,需多炒幾分鐘至自己喜歡的口感,炒之前不需先擠出水分。

③ 煮好的肉醬可以再加一點牛奶或鮮奶油,就是所謂的曙光汁或粉紅醬。

④ 也可將伍斯特醬改成巴薩米克醋,兩種調味皆能增添肉醬風味。

## 簡易義大利肉醬燉飯、焗烤飯

**食材和調味料**

義大利肉醬 ——————————— 適量
白飯 ——————————————— 適量
起士粉或披薩用乳酪絲 ————— 適量
水煮青花椰 ———————————— 適量

**作法**

### 1 義大利肉醬燉飯

煮好的肉醬放入鍋內加熱，滾後加入適量的白飯（冷熱皆可），
飯熱且均勻吸附醬汁後盛盤，灑一點起士粉，就是孩子們愛吃
的簡易義大利肉醬燉飯。

### 2 義大利肉醬焗烤飯

煮好的燉飯裝在烤皿裡，加一點燙過的青花椰，上面鋪一層披
薩用乳酪絲，烤箱 200 度烤 10 ～ 15 分鐘至乳酪絲融化且呈現
微微金黃，即為義大利肉醬焗烤飯。

清燙青花椰玉米筍

蒜味鮮蝦
櫛瓜麵

迷迭香雞排

## NOTES

① 喜歡吃辣可以在炒蒜片時加點乾辣椒碎片一同炒香。

② 若沒有香蒜黑胡椒調味粉，醃蝦仁時直接用研磨黑胡椒也行。

③ 杏鮑菇厚片先用乾鍋把水分炒乾，香氣會更好。

④ 櫛瓜水分較多，用刨絲刀削下來的櫛瓜絲比較容易出水，為了不影響口感，下鍋之前我會先用手把水分稍微擰掉。

| 食材 | | 醃料 | | 調味料 | |
|---|---|---|---|---|---|
| 中型蝦仁 | 8～12 隻 | 米酒 | 1 小匙 | 橄欖油 | 1.5 大匙 |
| 杏鮑菇 | 2 株 | 胡椒鹽 | 適量 | 蒜味胡椒鹽 | 適量 |
| 蒜頭 | 2 瓣 | 香蒜黑胡椒 | 適量 | | |
| 櫛瓜 | 1～2 根 | | | | |

# 蒜味鮮蝦櫛瓜麵

**1** 蝦仁洗淨擦乾用醃料抓醃備用

米酒
少匙

適量
胡椒鹽　香蒜黑胡椒

中型蝦仁
8-12隻

**2** 準備食材

中型杏鮑菇
2株

切0.5公分
厚片

蒜頭
2瓣

切片或切碎

**3** 櫛瓜切絲

(1) 用刨刀將櫛瓜刨成細絲

(3) 刨不動的軟芯可去棄或用刀切絲

(2) 削到軟芯即換邊

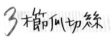

**4** 用乾淨的布或用手把櫛瓜絲的水分稍微擠乾

**5** 乾鍋將杏鮑菇水分炒乾且兩面金黃後堆至鍋邊。

**6** 加入橄欖油及蒜片炒出香味

橄欖油
1.5大匙

**7** 加入蝦仁煎熟

**8** 加入櫛瓜絲再用蒜味胡椒鹽調味(或用家中現有調味鹽)拌炒40秒即可享用

蒜味胡椒鹽　適量

打拋豬

醬燒南瓜

高湯燙娃娃菜

高湯燙四季豆

簡單快速又下飯的打拋豬,是主婦重要的口袋菜單。為了給孩子多吃一點蔬菜,我把洋蔥丁加進這道菜,也多了自然的鮮甜。

# 打拋豬

## 1 準備食材

洋蔥半顆

切小丁

蒜頭末
2 瓣

小番茄10顆
切半或4瓣

九層塔1把
取其葉子洗淨
瀝乾備用

## 2 熱油鍋炒香
洋蔥丁及蒜末

1大匙

炒菜油

## 3 加入絞肉
炒至肉色變白

豬絞肉300g

## 4 加入調味料
拌炒均勻

米酒 1大匙

蠔油 1大匙

醬油 0.5大匙

魚露 ¼~½ 小匙

料理米酒

蠔油

醬油

## 5
加入小番茄炒軟

## 6
起鍋前加九層塔
拌炒一下即可享用

打拋豬

## 食材

① 各品牌魚露鹹度不一，建議從 1/4 小匙慢慢調味。
② 可在加九層塔之前擠一點檸檬汁拌勻，變化一下口味。
③ 吃辣的話可以加點辣椒碎一起炒，吃起來更過癮。

### 食材

| | |
|---|---|
| 豬絞肉 | 300 克 |
| 洋蔥 | 半顆 |
| 蒜頭 | 2 瓣 |
| 小番茄 | 10 顆 |
| 九層塔 | 1 把 |

### 調味料

| | |
|---|---|
| 米酒 | 1 大匙 |
| 蠔油 | 1 大匙 |
| 醬油 | 0.5 大匙 |
| 魚露 | 1/4 ～ 1/2 小匙 |

延伸菜單

*Recipes Inspired*

## 打拋豬櫛瓜麵

### 食材和調味料

打拋豬肉醬 ——————————— 2 湯杓
櫛瓜 ——————————— 1 條

### 作法

1 櫛瓜用簡易刨刀刨成絲,用手或乾淨的布包住,擠掉多餘的水分。

2 熱炒鍋,倒入打拋豬肉醬並以中火煮滾,加入擰乾的櫛瓜絲,開始計時,大火拌炒 40 秒熄火,即可盛盤享用。

3 若用的是蔬果削鉛筆機,削出來的櫛瓜絲較粗,炒前不需額外擠水,可以炒久一點至自己喜歡的口感再盛盤。

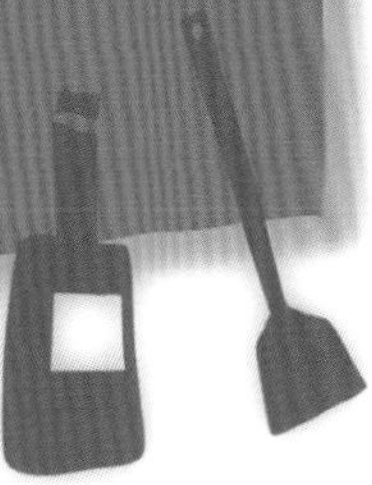

泰式拌肉

南瓜蛋沙拉

泰式醬汁

盬麴甜豆

肉絲筍片

這款迷人的泰式醬汁可運用在多種食材上，這次就來介紹我家很喜歡的泰式拌肉。

### 食材

| | |
|---|---|
| 松阪豬或豬邊肉 | 2 片 |
| 小黃瓜 | 1～2 條 |

### 醃料

| | |
|---|---|
| 醬油 | 1.5 大匙 |
| 糖 | 1 小匙 |
| 蒜頭碎 | 2 瓣 |
| 白胡椒粉 | 適量 |

### 泰式醬汁材料

| | |
|---|---|
| 魚露 | 2 大匙 |
| 檸檬汁 | 2 大匙 |
| 糖 | 1.5 大匙 |
| 蒜泥 | 2 瓣 |
| 香菜末 | 1 株 |
| 紅辣椒末 | 適量（可略） |

# 泰式拌肉

1 (1) 松阪豬 2 片
洗淨擦乾

(2)
用叉子戳洞
幫助入味

用梅肉也可以

糖 1 小匙
白胡椒粉 適量
醬油 1.5 大匙
蒜頭碎 2 瓣半

2 將肉片及醃料
加入塑膠袋內
隔袋稍作搓揉,
醃製至少半小時。

3 將泰式醬汁材料
混合均勻.

魚露 2 大匙
檸檬汁 2 大匙
糖 1.5 大匙
蒜泥 2 瓣
香菜末 1 株
紅辣椒末 適量 (不吃辣可略)

4 烤箱預熱
200℃

烘焙紙

5 以 200℃ 烤 20 分鐘
取出翻面,
再烤 5-10 分鐘後,
取出放涼。

註:若用梅肉,
請兩面先抹薄薄一層
耐高溫植物油。

6 小黃瓜及烤肉
切斜片

小黃瓜 1-2 條

切斜片

烤肉逆紋
切斜片

7 肉片和黃瓜片裝盤,
淋上泰式醬汁,
即可享用♡

NOTES

① 想吃得更清淡,肉不必醃直接切薄片燙熟再淋醬汁。
② 醃料裡的醬油及糖可用蠔油(1.5 大匙)取代。
③ 將鯛魚片洗淨、擦乾,切斜片,兩面灑一點麵粉後煎熟。煎好的魚片淋上泰式醬汁,就是泰式涼拌魚片。

醬燒
嫩豆腐

泰式風味
炒肉片

芝麻醬拌
龍鬚菜

蒜炒
鮮菇高麗菜

炎熱的夏日裡，我儘量減少待在廚房的時間，做 10 ～ 20 分鐘內就能完成的肉類料理，而快熟的火鍋肉片就是最佳選擇。

## 食材

| | |
|---|---|
| 豬五花薄片 | 200 克 |
| 洋蔥 | 半顆 |
| 紅甜椒 | 1/4 個 |
| 香菜 | 3 大株 |

## 調味料

| | | | |
|---|---|---|---|
| 米酒 | 1 大匙 | 薑泥 | 0.5 小匙 |
| 蠔油 | 1 小匙 | 蒜泥 | 1 瓣 |
| 魚露 | 1 小匙 | | |
| 糖 | 0.5 小匙 | | |

# 泰式風味炒肉片

## 1 準備食材 (1)

豬五花薄片 200g

切適口長段

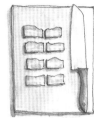

NOTES

① 可在起鍋前加一點新鮮檸檬汁拌一下，又是另一種風味。

② 亦可將香菜改成一大把九層塔，拌炒約 20 秒後熄火，再藉餘溫拌炒一下即可，吃起來又像一道新菜色！

## 2 準備食材 (2)

洋蔥半顆 切粗絲

香菜 3 大株 切 4cm 段

紅甜椒 切粗絲 1/4 個

## 3 調勻醬汁

米酒 1 大匙

蠔油 1 大匙

魚露 1 大匙

糖 0.5 大匙

蒜泥 1 瓣

薑泥 0.5 大匙

5 加入五花肉片將肉片炒散及肉色變白。

4 熱油鍋，將洋蔥絲炒至微透明後，先撥至鍋邊。

6 倒入事先調好的醬汁和紅椒絲，拌炒至收汁入味。

7 加入香菜段即熄火，拌勻後即可享用心

蒜泥白肉

清炒青花筍

鹽麴彩椒

酸菜肉絲
筊白筍

牛奶起司蛋鬆

蒜蓉醬

我家弟弟說：「媽媽，妳煮的蒜泥白肉可以說是有它一定的地位了。」可見蒜泥白肉在我家有多受歡迎！
其實除了買對豬肉部位，蒜泥白肉搭配的蒜蓉醬也有決定性的影響哦！

# 蒜泥白肉

1 選擇喜歡的豬肉部位,
冷水入鍋煮至水滾5分鐘
洗淨瀝乾備用.

肝連
(豬的橫隔膜)

嘴邊肉

五花肉
1條

2 新起一鍋乾淨的水
加入蔥、薑、酒並煮滾.

米酒
2大匙

蔥1根

薑3片

料理米酒

3 加入肉塊,
水滾後加蓋
小火煮25分鐘
熄火燜半小時.

燙過的肉塊
(嘴邊肉)

刨成長薄片
或切斜片

肝連的白色部位
脆脆的也可以吃

小黃瓜
1條

嫩薑
1塊

切細絲

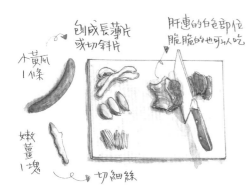

4

煮好的肉塊
逆紋切薄片
可添點黃瓜片或薑絲
淋上蒜蓉醬即可享用

5 蒜蓉醬二式

醬油膏
2大匙

味醂
1大匙

冷開水
1大匙

醬油膏

味醂

蒜泥
2瓣

醬油膏
2大匙

烏醋
1大匙

香油
適量

冷開水
1大匙

醬油膏

烏醋

香菜末
1小株

蒜泥
2瓣

吃辣可加
紅辣椒末

# 蒜泥白肉

## 食材

NOTES 肝連和嘴邊肉，都請逆紋切薄片才好吃。

### 食材

五花肉 — 1 條（也可用肝連或嘴邊肉）
小黃瓜 —————————————— 1 條
嫩薑 ———————————————— 1 塊

### 肉塊去腥材料

米酒 ———————————————— 2 大匙
薑 ————————————————— 3 片
蔥 ————————————————— 1 根

### 蒜蓉醬 1 材料

醬油膏 ——————————————— 2 大匙
味醂 ———————————————— 1 大匙
冷開水 ——————————————— 1 大匙
蒜泥 ———————————————— 2 瓣

### 蒜蓉醬 2 材料

醬油膏 ——————————————— 2 大匙
烏醋 ———————————————— 1 大匙
冷開水 ——————————————— 1 大匙
香油 ————————————————— 適量
蒜泥 ———————————————— 2 瓣
香菜末 ——————————————— 1 株
紅辣椒末 ——————————— 適量（可略）

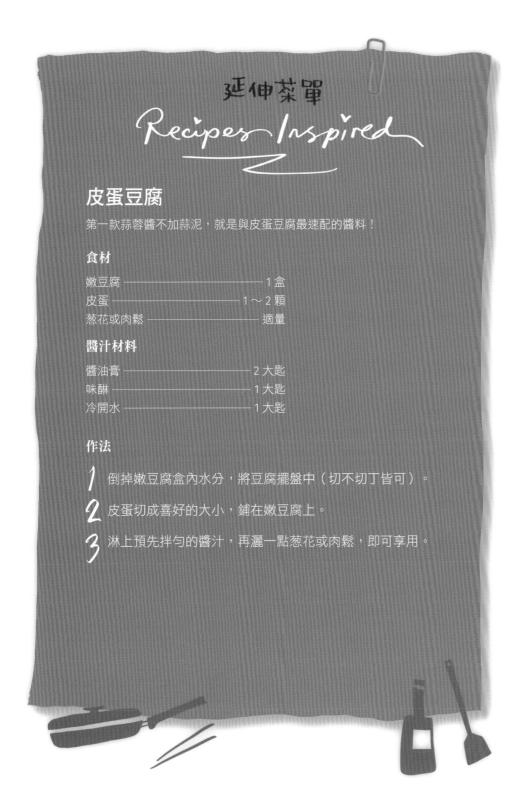

延伸菜單

*Recipes Inspired*

## 皮蛋豆腐

第一款蒜蓉醬不加蒜泥，就是與皮蛋豆腐最速配的醬料！

### 食材

嫩豆腐 ———————————————— 1盒
皮蛋 ———————————————— 1～2顆
葱花或肉鬆 ———————————————— 適量

### 醬汁材料

醬油膏 ———————————————— 2大匙
味醂 ———————————————— 1大匙
冷開水 ———————————————— 1大匙

### 作法

**1** 倒掉嫩豆腐盒內水分，將豆腐擺盤中（切不切丁皆可）。

**2** 皮蛋切成喜好的大小，鋪在嫩豆腐上。

**3** 淋上預先拌勻的醬汁，再灑一點葱花或肉鬆，即可享用。

蜂蜜醬燒
五花肉

清蒸
綠竹筍

鵝油蔥酥
拌菠菜

香莩
炒蛋

五花肉除了做成蒜泥白肉，還有什麼變化？來試試這道簡單的蜂蜜醬燒五花肉。五花肉水煮後只要再花個 10 分鐘，就有一道大人小孩都愛吃的新鮮菜色。

| 食材 | | 肉塊去腥材料 | | 調味料 | |
|---|---|---|---|---|---|
| 五花肉 | 1 條 | 米酒 | 2 大匙 | 蠔油 | 1 大匙 |
| | | 薑 | 3 片 | 醬油 | 1～1.5 大匙 |
| | | 蔥 | 1 根 | 蜂蜜 | 2 小匙 |
| | | | | 水 | 50ml |

# 蜂蜜醬燒五花肉

1 五花肉1條
冷水下鍋,
水滾後再煮3分鐘,
取出洗淨備用

湯五花肉的
髒水請倒掉

2 大火滾一鍋水,
加入蔥、薑、酒。

蔥1根
米酒 薑3片
2大匙

3 加入湯過血水的五花肉,
水再次大滾後
加蓋小火煮25分鐘,
熄火後續燜半小時,
取出備用。

煮完五花肉的湯汁
可留做高湯喔!!

4 鍋內倒入醬汁拌勻後
開火煮滾。

蠔油
1大匙
醬油
1-1.5大匙
蜂蜜
2大匙

五花肉切成
兩大塊,
方便操作

5 放入五花肉,中小火讓肉的表面
均勻沾附醬汁,8-10分鐘左右
醬汁變濃稠焦糖化後熄火,
取出放涼,切片即可食用

水
50ml

NOTES 口味偏好淡一點的話,醬油用1大匙就好。

味噌野菜
炒肉片

青江菜炒
紅蘿蔔

蒜鹽豆芽

水煮蛋
佐香料鹽

蜂蜜檸檬
梅漬小番茄

把家人和孩子愛吃的蔬菜統統加進來，搭配味噌、味醂和醬油膏，做出不敗的日式家常料理。

## 食材

| | |
|---|---|
| 豬梅花薄片 | 100 克 |
| 高麗菜 | 3～4 片（約 150 克） |
| 鴻喜菇 | 半包 |
| 紅蘿蔔 | 1 小段 |

## 調味料

| | |
|---|---|
| 信州味噌 | 1 大匙 |
| 味醂 | 1 大匙 |
| 米酒 | 1 大匙 |
| 醬油膏 | 0.5～1 小匙 |
| 薑泥 | 0.5 小匙 |
| 水 | 1 大匙 |

## 其他

| | |
|---|---|
| 麻油 | 1 小匙 |
| 炒菜油 | 1 小匙 |
| 太白粉 | 適量 |

# 味噌野菜炒肉片

## 1 準備食材

高麗菜3-4大片
(約150g)

手撕成易入口大小

紅蘿蔔
1小段
切斜片

鴻喜菇半包
去蒂頭分小株

## 2 處理肉片

太白粉
適量

(2) 在肉片兩面
皆灑一點
太白粉

(1) 豬梅花薄片切成適口大小
100g

## 3 預先調勻醬汁

信州
味噌
1大匙

味醂
1大匙

米酒
1大匙

料理米酒

醬油膏
0.5-1小匙

薑
泥
0.5小匙

水
1大匙

## 4 熱鍋,加入
麻油及炒菜油.

麻油
1小匙

炒菜油
1大匙

## 5 在鍋中將肉片攤平.
中小火煎至肉色變白.

## 6 加入紅蘿蔔片及鴻喜菇.
拌炒均勻.

## 7 加入預先調好的醬汁.
拌炒1分鐘左右.
讓食材均勻沾附醬汁.

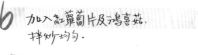

## 8 加入高麗菜拌炒.
菜熟即可享用.

咖哩洋蔥炒肉片

丸煮蛋

豆干肉絲

鹽麴拌青花椰

用家中現有調味料就能做出的新鮮菜色，15分鐘上菜，肉片滑嫩多汁，咖哩香味更刺激食欲，孩子們都很愛！

## 食材

| | |
|---|---|
| 豬肉薄片 | 200 克 |
| 洋蔥 | 半顆 |
| 甜豆或荷蘭豆 | 6 根 |

## 醃料

| | |
|---|---|
| 咖哩粉 | 2 小匙 |
| 醬油 | 1 大匙 |
| 米酒 | 1 大匙 |
| 太白粉 | 1 小匙 |
| 開水 | 2 大匙 |

## 調味料

| | |
|---|---|
| 鹽 | 適量 |
| 開水 | 50ml |

# 咖哩洋蔥炒肉片

① 肉片加一小匙太白粉炒出來比較滑嫩，煮好的湯汁也會有一點勾芡的口感。
② 甜豆配色用，若懶得煮1小鍋水，也可用電水壺燒一碗滾水。

豬肉薄片200g
(五花、梅花肉片皆可)
切適口段

**1 準備食材**

洋蔥半顆切粗絲

**3** 加入咖哩粉、醬油和米酒.
拌至肉片均勻吸收醃料.

醬油
1大匙

米酒
1大匙

咖哩粉
2小匙

**4**

最後加太白粉抓勻

太白粉
1小匙

**2** 將水加入肉片
拌至水份完全
被吸收.

開水2大匙

**5** 甜豆去蒂頭撕去粗筋.
用滾水汆燙1分鐘,
取出備用.

荷蘭豆亦可

甜豆
6根

**7** 加入肉片炒散且肉色變白.

下鍋前可加
一點炒菜油,
肉片較易炒散.

**6** 熱油鍋,
加入洋蔥絲
炒軟.

**8** 加入甜豆及開水
大火拌炒收汁,
以鹽調味.
即可享用.

開水
50ml

鹽
適量

韓式燒肉

壽司醋漬
紅白蘿蔔絲

涼拌黃瓜

醋漬
紫甘藍

涼拌黃豆芽

韓國泡菜

五穀飯

蘋果或水梨來入菜，原來韓式燒肉醬這麼簡單。採用火鍋薄肉片，搭配現成的生菜和泡菜，10 分鐘就有一道好吃的韓國燒肉。

### 食材

火鍋肉片（牛豬皆可）—— 200 克

### 醃料

| 米酒 | 1 大匙 |
|---|---|
| 醬油 | 1 大匙 |
| 麻油 | 0.5 小匙 |
| 蒜泥 | 1 瓣 |
| 糖 | 1 小匙 |
| 蘋果或水梨 | 1/4 個 |

### 其他

白芝麻 —— 適量

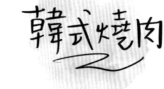

# 韓式燒肉

**1** 先將醬汁調勻

米酒 1大匙
醬油 1大匙
麻油 0.5大匙
糖 1大匙
蒜泥 1瓣

蘋果 或 水梨
中型 1/4個
磨成泥

大鍋肉片200g
(牛豬皆可)
(部位隨喜)

**2** 加入肉片
抓醃備用.

**3** 熱平底鍋
塗上薄薄一層油

白芝麻
適量

**4** 將肉片夾入鍋中
一片片攤開煎熟
微微收汁即可享用

**5** 上桌前可灑一點白芝麻
增色又添香 ♥

紅糟燉肉

櫻花蝦
炒豆芽

蒜炒
青花椰

水煮蛋

做燉肉料理時，除了梅花肉，我常去的肉攤老闆推薦二刀和三刀的部位（在梅花肉下面一點的位置），燉煮起來 Q 彈不乾澀，非常好吃。下次去市場買肉，可以指名這個部位的肉試試看哦！

紅糟燉肉

1 豬肉900g
(二刀、三刀、梅花肉前段皆可)
切4cm塊狀

2 將肉塊放入冷水，
水滾後再煮3分鐘。

3 熄火後
將肉塊撈出，
洗淨瀝乾備用。

4 準備食材

青蔥3根
切段

黑木耳3大朵
手撕成大塊

薑3片

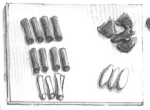

6 加入稍蓋過食材的水
及調味料

醬油
2大匙

水
600-700ml

糖
1大匙

紅糟醬
4大匙

醬油

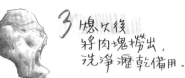

5 將蔥、薑、
黑木耳肉塊
放進燉鍋

7 水滾後，蓋鍋小火燉45-60分鐘，
肉塊呈現自己喜歡的軟度，
大火微微收汁,即可享用♡

# 紅糟燉肉

## 食材

### 食材

| | |
|---|---|
| 豬肉（二刀、三刀、梅花肉前段皆可） | 900 克 |
| 青蔥 | 3 根 |
| 黑木耳 | 3 朵 |
| 薑 | 3 片 |

### 調味料

| | |
|---|---|
| 紅糟醬 | 4 大匙 |
| 醬油 | 2 大匙 |
| 糖 | 1 大匙 |
| 水 | 600 ～ 700ml |

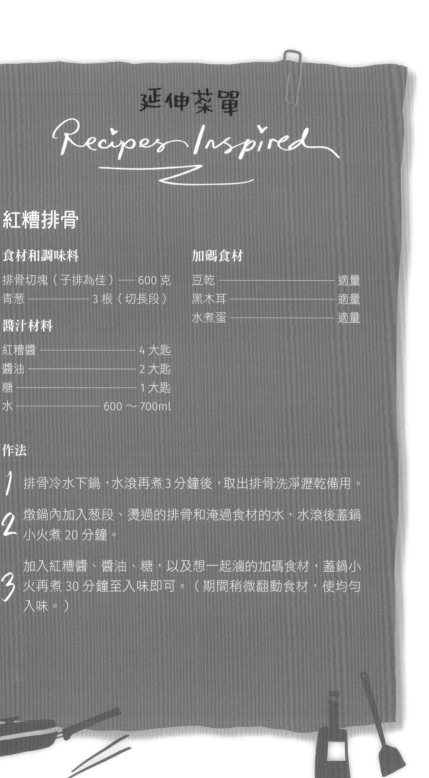

延伸菜單

*Recipes Inspired*

## 紅糟排骨

### 食材和調味料

排骨切塊（子排為佳）—— 600 克
青蔥 —————— 3 根（切長段）

### 醬汁材料

紅糟醬 ——————— 4 大匙
醬油 ———————— 2 大匙
糖 ————————— 1 大匙
水 ——————— 600 ～ 700ml

### 加碼食材

豆乾 ———————— 適量
黑木耳 ——————— 適量
水煮蛋 ——————— 適量

### 作法

1　排骨冷水下鍋，水滾再煮 3 分鐘後，取出排骨洗淨瀝乾備用。

2　燉鍋內加入蔥段、燙過的排骨和淹過食材的水，水滾後蓋鍋小火煮 20 分鐘。

3　加入紅糟醬、醬油、糖，以及想一起滷的加碼食材，蓋鍋小火再煮 30 分鐘至入味即可。（期間稍微翻動食材，使均勻入味。）

紅糖
桂竹筍
燒肉

涼拌
干絲

蔥花菜脯碎
玉子燒

清炒
紅椒豆苗

STATEN ISLAND
HEIGHTS
Q-QUE

紅燒肉是台灣人從小吃到大的家庭味，加入紅糖醬可調味又兼具養生、調色功效，偶爾換個口味做道紅糖桂竹筍燒肉，讓便當和餐桌多一點變化。

## 食材

| | |
|---|---|
| 五花肉 | 1 條 |
| 桂竹筍 | 5 條 |
| 蔥 | 2 根 |
| 薑 | 3 片 |
| 蒜頭 | 3 瓣 |

## 調味料

| | |
|---|---|
| 紅糖醬 | 4 大匙 |
| 醬油 | 3 大匙 |
| 糖 | 1 大匙 |
| 水 | 500ml |

*1* 五花肉1條
切大塊

紅糟♥
桂竹筍
燒肉

**NOTES**

① 桂竹筍是很吸油的食材,和五花肉一同燒煮非常對味。

② 請買市場裡已先燙煮處理過的熟筍,省去自己去殼去苦味的麻煩。

③ 每年四、五月是桂竹筍產季,這個時節買的多為當季產新鮮桂竹筍,越接近年尾或年初買到的是冷凍退冰的產品,
容易產生酸味,料理前務必再次水煮去除酸味。

*3* 煮一鍋水,分別汆燙桂竹筍及
五花肉(各煮3分鐘),再洗淨瀝乾。

桂竹筍5條
切4cm段 *2* 準備食材

蔥2根
切段

薑3片

蒜頭
3瓣
用刀背拍裂

*5* 加入蔥薑蒜
快炒香

*4* 熱燉鍋,用一點油潤鍋
放入五花肉塊,
煎至表面微金黃
再將肉塊
推至鍋邊。

*6* 加入桂竹筍,
將鍋內食材拌勻。

*7* 加入稍蓋過食材的水
及調味料,水滾後加蓋,
小火燉煮1小時,
即可享用

紅糟醬
4大匙

糖
1大匙

醬油
3大匙

水
500ml

番茄燉肉

香煎南瓜片

嫩蛋包豆腐飯

蒜炒青花筍

每當番茄產季到來、價格親民之際，我就會做這道番茄燉肉。燉煮 1 個小時後，洋蔥的甜味與番茄的微酸形成濃郁的風味，搭配嫩蛋包飯或豆腐飯都很合適。

## 食材

豬肉（梅花肉前段、胛心、腱子皆可）

—————————————————————— 600 ～ 800 克

洋蔥 ————————————————————————— 1 顆

牛番茄 ——————————————————————— 2 顆

薑 ———————————————————————————— 3 片

蒜末 ——————————————————————————— 5 瓣

## 調味料

米酒 ———————————————————————— 2 大匙

醬油 ———————————————————————— 3 大匙

番茄醬 ——————————————————————— 2 大匙

月桂葉 ——————————————————————— 2 片

水 ——————————————————————————— 500ml

糖 ——————————————————————————— 適量

# 番茄燉肉

**1 準備食材**

中型洋蔥1顆　切大塊

中型牛番茄（完熟）2顆切大塊

豬肉600-800g（梅花前段·胛心·腱子）切4cm塊

薑3片壓成末

蒜末5瓣

**3 加入洋蔥塊、薑末蒜末拌炒一下**

**4 加入番茄塊拌炒均勻**

**5 加入調味料水滾後加蓋、小火燉1小時至肉軟嫩。**

米酒2大匙

醬油3大匙

月桂葉2片

番茄醬2大匙

水 500ml

**2 熱燉鍋加油，將肉塊煎至表面金黃**

糖適量

**6 嘗一下口味，若太酸可用糖調整味道即可享用♡**

**NOTES**

① 建議使用熟成的牛番茄，風味較佳。若用較生的番茄，色澤和口味都會略嫌不足。

② 這道菜連著湯汁更好吃，所以我大多用保溫便當。前一天先煮好，早上復熱後放進保溫便當盒或保溫罐。

蜂蜜芥末籽嫩煎豬排

鵝油蔥酥拌高麗菜

西蘭花炒蝦球

香蒜茭白筍

超市就可買到的厚切豬排，不用拍不用醃，3 分鐘就能完成美味又鮮嫩多汁的蜂蜜芥末籽嫩煎豬排，搭配生菜立刻化身高級排餐。

## 食材

| | |
|---|---|
| 豬里肌厚排 | 2 片 |

## 醃料

| | |
|---|---|
| 研磨鹽 | 適量 |
| 研磨黑胡椒 | 適量 |
| 麵粉或玉米粉 | 2 小匙 |

## 調味料

| | |
|---|---|
| 蜂蜜 | 2 小匙 |
| 顆粒芥末籽醬 | 2 小匙 |
| 醬油 | 0.5 小匙 |
| 米酒 | 2 大匙 |

## 其他

| | |
|---|---|
| 橄欖油 | 0.5 大匙 |

# 蜂蜜芥末籽嫩煎豬排

1 豬里肌厚排 2片洗淨擦乾
在肉邊緣的白筋切幾刀斷筋
(煎肉時才不會捲起)

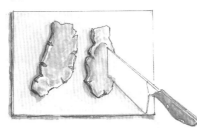

麵粉或玉米粉
2小匙

適量
玫瑰鹽 研磨
黑胡椒

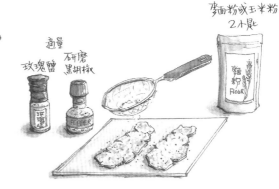

米酒
2大匙

醬油
0.5小匙

蜂蜜
2小匙

顆粒
芥末醬
2小匙

2 肉排兩面先灑一點
研磨鹽及黑胡椒,
再用漏勺在兩面均勻地
灑薄薄一層麵粉.

3 先調勻醬汁

4 中火熱油鍋

橄欖油
0.5大匙

5 鍋夠熱後放入2片肉排,
中火煎1分鐘後翻面,
再煎1分鐘.

6 倒入調好的醬汁,
用1分鐘以中火
將醬汁濃縮,
並使肉排兩面
皆均勻沾附醬汁,
即可享用。

豆腐飯

三杯
菇菇雞

鹽麴甜豆

蜜芒醋漬
白蘿蔔

櫻花蝦
炒蘿蔔絲

壽司醋漬
紅蘿蔔

水煮蛋

因為是便當菜，用去骨雞腿肉來做三杯，讓孩子吃的時候不用吐骨頭方便些；至於調味，捨去傳統醬油加糖的配方，改用已有甜味的醬油膏，並把傳統食譜中的麻油用量減半，口味不油膩，再用減醣首選的菇類一同拌炒，營養更均衡。

### 食材

| | |
|---|---|
| 去骨雞腿排 | 2 片（約 400 克） |
| 杏鮑菇 | 2 根 |
| 鴻喜菇（或雪白菇） | 1 包 |
| 老薑 | 6 片 |
| 蒜頭 | 6 瓣 |
| 紅辣椒 | 半根 |
| 九層塔 | 一大把 |

### 醃料

| | |
|---|---|
| 胡椒鹽 | 適量 |
| 米酒 | 1 小匙 |

### 調味料

| | |
|---|---|
| 麻油 | 1 大匙 |
| 醬油膏 | 2.5 大匙 |
| 米酒 | 2 大匙 |

# 1 準備食材

三杯
菇菇雞

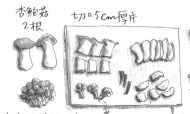

杏鮑菇
2根

切0.5cm厚片

老薑
6片

蒜頭6瓣
去皮

鴻喜菇或雪白菇
1包

分小株

紅辣椒半根
切片泡水備用

九層塔
一大把

洗淨
瀝乾
備用

## 2 醃雞肉

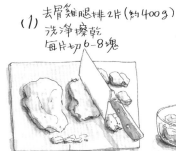

(1) 去骨雞腿排2片(約400g)
洗淨擦乾
每片切6-8塊

胡椒鹽
適量

米酒
1大匙

去除多餘脂肪

(2) 切好的雞肉
用酒及胡椒鹽
抓醃去腥。

3

熱鍋(不放油)
雞皮朝下
煎至雞塊表面金黃(不必全熟)
取出備用

麻油1大匙

4 原鍋加入麻油,
小火爆香薑片後,
加入蒜頭炒香。

5 加入雞塊
及兩種菇類,
拌炒一下。

醬油膏
2.5大匙

米酒
2大匙

6 加入醬油膏及米酒拌勻,
蓋鍋小火燜煮6-8分鐘,
期間開蓋拌一下確認
水分及色澤。

7 最後加入九層塔及辣椒片
拌炒幾下即可享用。

NOTES
① 杏鮑菇切厚片比切塊更容易入味,也更方便擺盤。
② 薑片和杏鮑菇片形狀顏色接近易混淆,裝便當時可先挑除。

豉汁
彩椒雞球

醋溜
馬鈴薯

蒜炒
青花椰

百香果
冬瓜片

水煮蛋
佐玫瑰鹽

豆豉醬先炒過後更香，只要再加一點蠔油或醬油來拌炒，雞球就非常好吃。洋蔥和彩椒則讓這道菜顏色更討喜，15 分鐘即做出一道好看又好吃的快炒料理！

| 食材 | | | 醃料 | | 調味料 | |
|---|---|---|---|---|---|---|
| 去骨雞腿排 | 2 片（400 克） | | 胡椒鹽 | 適量 | 豆豉醬 | 1 大匙 |
| 紅甜椒 | | 1/4 個 | | | 米酒 | 2 大匙 |
| 黃甜椒 | | 1/4 個 | | | 蠔油 | 2 小匙 |
| 洋蔥 | | 1/4 個 | | | 糖 | 1 小匙 |
| 蒜頭碎 | | 2 瓣 | | | | |
| 薑末 | | 0.5 小匙 | | | | |

# 豉汁彩椒雞球

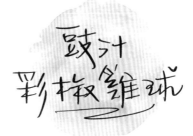

*1* 去骨雞腿排2片(約400g)洗淨擦乾,切成一口大小

*2* 用胡椒鹽抓醃備用

胡椒鹽適量

NOTES

① 可將調味料裡的蠔油改成醬油,又是另一種風味。
② 家裡若有多餘的蔥,最後放點青蔥段拌炒,顏色更繽紛。

*3* 準備食材

紅、黃椒各¼個
切3cm大丁

洋蔥¼個
切3cm大丁

蒜頭碎2瓣

薑末0.5小匙

*4* 不沾鍋不放油,將雞塊煎至七分熟且兩面金黃,取出備用。

先煎雞皮面

*5* 原鍋加一點油,炒香薑、蒜及豆豉醬。

豆豉醬1大匙

*6* 加入彩椒丁、洋蔥丁及雞塊炒勻。

*7* 加入調味料,拌炒均勻並收汁入味後,即可享用。

糖1小匙

米酒2大匙

料理米酒

蠔油2大匙

用醬油也可以

蠔油

檸香雞球

鵝油蔥酥拌高麗菜

蒜炒塔菇菜

蒜鹽鮮菇

溏心蛋

兒子去香港念書後，想知道他在當地吃些什麼，我也開始關注港式餐點。我喜歡他們酸酸甜甜的菜色，將一些港式元素加進調味料，做出這道和平時口味不太相同的檸香雞球。

### 食材

去骨雞腿排 — 2 片（約 350 克）

### 醃料

| | |
|---|---|
| 米酒 | 1 大匙 |
| 醬油 | 2 小匙 |
| 白胡椒粉 | 適量 |
| 糖 | 0.5 小匙 |
| 鹽 | 1/4 小匙 |

### 調味料

| | |
|---|---|
| 太白粉 | 0.5 小匙 |
| 起士粉 | 1 小匙 |
| 糖 | 2 小匙 |
| 檸檬汁 | 2 大匙 |
| 蒜泥 | 1 瓣 |
| 開水 | 30ml |

1 去骨雞腿排2片(約350g)
洗淨擦乾,切成一口大小。

# 檸香雞球

2 切好的雞塊用醃料
醃至少15分鐘。

米酒
1大匙

醬油
2小匙

糖
0.5小匙

白胡椒粉
適量

鹽
1/4小匙

3 預先調勻醬汁

太白粉
0.5小匙

起士粉
1小匙

糖
2小匙

檸檬汁
2大匙

蒜泥
1瓣

開水
30ml

5 用廚房紙巾
擦去多餘油脂

一點油即可

6 倒入預先調好的
醬汁,小火收汁。
待雞塊均勻沾附
微濃的醬汁,
即可享用。

4 熱油鍋,
放入雞塊,
中小火煎至肉熟
且兩面金黃。

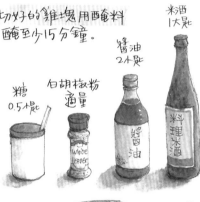

起司嫩雞塊

蒜炒青江菜拌筍

雞油蔥酥拌白花椰

涼拌紅蘿蔔絲

玉子燒

沒有特殊處理、直接烹調的雞胸肉，就用一點粉類、切薄片以及縮短加熱時間等方法，來製造鮮嫩的口感。我的孩子們極喜愛這道起司嫩雞塊，不只帶便當，做成放學後的點心也很受歡迎。

## 食材

| | |
|---|---|
| 雞胸肉 | 2 片（350 克） |

## 醃料

| | | | |
|---|---|---|---|
| 起士粉 | 3 大匙 | 鹽 | 適量 |
| 蛋 | 1 顆 | 研磨黑胡椒 | 適量 |
| 麵包粉 | 1 大匙 | 香草鹽 | 適量（可略） |
| 玉米粉 | 2 小匙 | | |

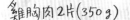

起司
嫩雞塊

NOTES

這道菜有沒有用麵包粉在口感上有很大的差異，建議還是要加。
若不想買一整包麵包粉，可將吐司片烤乾後，用調理機或果汁機
打碎即可自製麵包粉。

1 雞胸肉2片(350g)
洗淨擦乾，
逆紋切成厚度
1cm、易入口薄片。

用叉子戳肉
幫助入味

2 在調理盆內加醃料.
將雞胸肉抓醃3分鐘
助入味。

起士粉
3大匙

蛋1顆

適量
鹽　研磨黑胡椒

麵包粉
1大匙

玉米粉2小匙
(太白粉、麵粉亦可)

香草鹽
適量
(可略)

3 熱油鍋(中火)
將雞肉在鍋中攤平,
開始計時。

4 煎至肉片底部1/2變白時
即翻面再煎至表面肉色變白。

5 不時翻動肉片,使均勻上色.
計時器走至2.5分鐘左右,
即熄火將肉取出。

6 煎好的肉片先放吸油紙上,
5分鐘後即可享用.

咖哩美乃滋
嫩雞塊

香料沙拉醬

新鮮芒果

溏心蛋

香料鹽洋芋

生菜沙拉

學會這道菜後，打破我對雞胸肉一定很柴的偏見，原來不是它不好，而是沒有用對方法。這道菜夏天時搭配新鮮芒果切塊一起吃，爽口滑順又開胃，請務必試試看！

### 食材

| | |
|---|---|
| 雞胸肉 | 1 片 |

### 醃料

| | | | |
|---|---|---|---|
| 咖哩粉 | 1 小匙 | 白胡椒鹽 | 適量 |
| 美乃滋 | 0.5 大匙 | 義式香料 | 適量 |
| 起士粉 | 1 小匙 | | |
| 玉米粉 | 1 小匙 | | |
| 米酒 | 1 小匙 | | |

# 咖哩美乃滋嫩雞塊

切之前先用
叉子戳洞,
有助入味.

**1**
雞胸肉一片
洗淨擦乾.
逆紋斜切成
1cm厚度的
易入口薄片.

**2**
在料理盆內加入醃料
將雞肉抓醃3分鐘,
幫助入味.

亦可用
太白粉、
麵粉

米酒
1小匙

起士粉
1小匙

咖哩粉
1小匙

白胡椒鹽
適量

料理米酒

美乃滋
0.5大匙

義式香料
適量

玉米粉
1小匙

**3**
熱油鍋(中火).
將雞肉在鍋中攤平,
開始計時.

**6**
煎好的肉片先放
吸油紙上5分鐘,
即可享用.

**4**
煎至底部½變白時,
即翻面再煎至
表面肉色變白.

**5**
不時翻動肉片使均勻上色,
計時器2.5分鐘左右
即熄火,將肉取出.

嫩煎
香料雞胸

匈牙利
紅椒風味

鹹蛋莧菜

魚板炒白菜

甜豆蝦仁

如何煎出鮮嫩多汁的雞胸？覺得傳統泡 5% 鹽水的比例吃起來太鹹又沒變化？

不需秤量，改用料理量匙加鹽好方便。有效又不死鹹的鹽水比例，搭配多變的各式香料組合和低醣的調味料，讓雞胸成為真正百吃不膩的減醣聖品。

| 食材 | 醃料 | 3 種調味香料示範組合 |
|---|---|---|
| 雞胸肉 —— 2 ～ 3 片（400 克） | 鹽 —————— 1 小匙<br>開水 —————— 200ml | ① 咖哩粉＋薑黃粉＋研磨黑胡椒<br>② 匈牙利紅椒粉＋研磨黑胡椒<br>③ 義式香料＋研磨黑胡椒 |

嫩煎
香料雞胸

1 玻璃保鮮盒(容量約1公升)內
加入開水及鹽,攪拌至鹽溶化。

鹽
1小匙

開水
200ml

3 蓋上盒蓋,
冷藏至少
2小時。

2 加入洗淨的
雞胸 2-3片,
(約400g)
確保鹽水蓋過雞胸

4 烹調前取出雞胸,擦乾水份,
橫向將雞胸切半。

5 在肉片兩面灑上適量香料

咖哩粉

沒有可省略

薑黃粉

研磨
黑胡椒

咖哩風味

三種香料組合

匈牙利
紅椒風味

匈牙利
紅椒粉

研磨
黑胡椒

義式香草風味

義大利
香料

研磨
黑胡椒

6 中火熱鍋,
加入適量
橄欖油.

7 加入雞胸,先不翻動,
煎到肉色變白至
一半厚度後翻面。

8 繼續煎至兩面金黃
(最多不超過5分鐘).
即可享用

 NOTES

① 因雞胸已泡過鹽水,使用沒有鹹味的香料較佳。
② 雞胸泡鹽水儘量於 2 天內料理,以免肉質變得不新鮮。

泰式涼拌
柚香雞絲

蒜炒
青花筍

牛奶
玉子燒

清燙黑豆干

鵝油蔥酥
炒高麗菜

柚子入菜搭配萬用泰式醬汁,讓家常的涼拌雞絲吃出令人驚喜的清爽與美味。

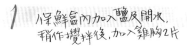

泰式涼拌
柚香雞絲

1 保鮮盒內加入鹽及開水,
稍作攪拌後,加入雞胸2片

鹽
1小匙

開水
200ml

2 確保水蓋過雞胸,
蓋上盒蓋後冷藏
至少2小時或隔夜。

← 容量約1000ml的
玻璃保鮮盒正好

3 將泰式醬汁拌勻,
冷藏至少15分鐘(使味道融合)

檸檬汁
半顆

糖
2小匙

魚露
1大匙

蒜泥
1瓣

香菜碎
1株

5 加入泡過鹽水的雞胸
(瀝乾即可,不必洗)

4 取一小鍋
注入2/3水量
大火煮滾

6 加蓋微火煮5分鐘
熄火燜6分鐘
即取出雞肉。

7 用叉子將
煮熟的雞胸
剝絲

小黃瓜1條
切粗絲

柚子果肉
2-3瓣剝小塊

小番茄4-5顆
切4瓣

雞絲

8 料理盆內加入
雞絲、黃瓜絲、
柚子果肉及
小番茄切塊。

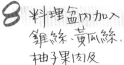

9 加入泰式醬汁
拌勻即可享用

# 泰式涼拌柚香雞絲

## 食材

### NOTES

① 也可以拌一些喜歡的花生米,多一種口感。
② 可用香吉士、臍橙或柳丁果肉取代柚子,也一樣好吃。

### 食材

| | |
|---|---|
| 雞胸 | 2 片 |
| 小黃瓜 | 1 條 |
| 柚子果肉 | 2～3 瓣 |
| 小番茄 | 4～5 顆 |

### 醃肉材料

| | |
|---|---|
| 鹽 | 1 小匙 |
| 開水 | 200ml |

### 泰式醬汁材料

| | |
|---|---|
| 魚露 | 1 大匙 |
| 糖 | 2 小匙 |
| 檸檬汁 | 半顆 |
| 蒜泥 | 1 瓣 |
| 香菜 | 1 株(切碎) |

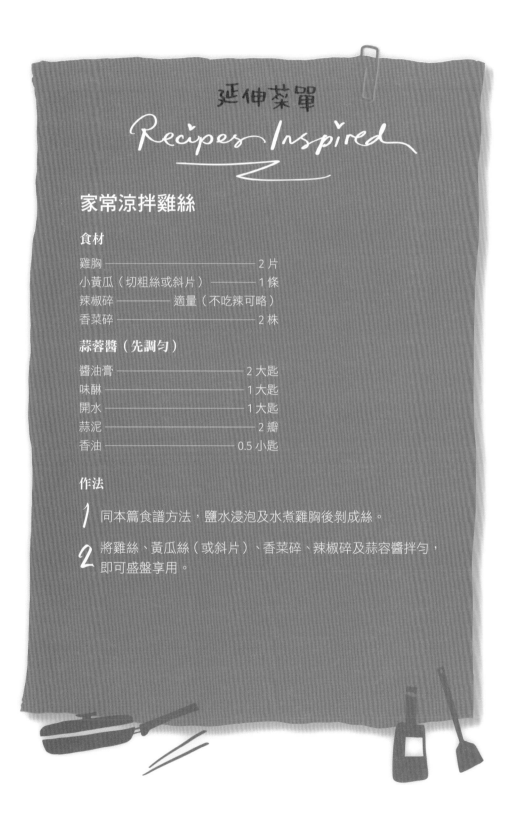

延伸菜單

*Recipes Inspired*

## 家常涼拌雞絲

### 食材

雞胸 ——————————— 2 片
小黃瓜（切粗絲或斜片）——— 1 條
辣椒碎 ————— 適量（不吃辣可略）
香菜碎 ——————————— 2 株

### 蒜蓉醬（先調勻）

醬油膏 ——————————— 2 大匙
味醂 ———————————— 1 大匙
開水 ———————————— 1 大匙
蒜泥 ———————————— 2 瓣
香油 ————————————— 0.5 小匙

### 作法

1 同本篇食譜方法，鹽水浸泡及水煮雞胸後剝成絲。

2 將雞絲、黃瓜絲（或斜片）、香菜碎、辣椒碎及蒜容醬拌勻，即可盛盤享用。

清燙豆芽

蒸馬鈴薯

小黃瓜切片

水煮
油豆腐

沙嗲沾醬

紅蘿蔔絲

沙嗲
雞肉串

Gado
Gado
沙拉

水煮蛋

這道中秋烤肉時讓人驚豔的沙嗲雞肉串,朋友們知道作法這麼簡單都驚訝不已。家用烤箱就能烤出來的好滋味,沒有烤箱用鍋煎也行。

# 沙嗲雞肉串

1 去骨雞腿排 2片洗淨擦乾,
切成寬 2 cm 長條 (或一口大小)

去皮,切除多餘脂肪

2 將肉加入醃料拌勻冷藏備用

咖哩粉 1大匙　薑黃粉 1小匙　糖 1小匙　鹽 0.5小匙　椰漿 60 ml

3 製作沙嗲醬
所有材料加入小鍋,小火拌勻.
煮滾即熄火放涼.
(太濃可加開水調整)

椰漿 60 ml　花生醬 2大匙　糖 2小匙　檸檬汁 1小匙　魚露 1小匙

4 烤箱預熱200℃

5 將雞肉插在竹籤上,
200℃兩面各烤8分鐘.
即可搭配沙嗲醬享用

烤盤上鋪
烘焙紙

竹籤先泡水至少半小時,
再以錫箔紙包住竹籤柄,
較不易烤黑.

## 食材

NOTES

每種品牌的椰漿稠度不同，若覺得做出的沙嗲醬太稠，可加點冷開水調整。

### 食材

去骨雞腿排 ── 2 片（約 400 克）

### 醃料

| | |
|---|---|
| 咖哩粉 | 1 大匙 |
| 薑黃粉 | 1 小匙 |
| 糖 | 1 小匙 |
| 鹽 | 0.5 小匙 |
| 椰漿 | 60ml |

### 沙嗲醬材料

| | |
|---|---|
| 椰漿 | 60ml |
| 花生醬 | 2 大匙 |
| 糖 | 2 小匙 |
| 檸檬汁 | 1 小匙 |
| 魚露 | 1 小匙 |

延伸菜單

Recipes Inspired

## Gado Gado 沙拉

Gado Gado 是印尼爪哇島的特色沙拉，主要是用各式生菜、炸豆腐和水煮蛋搭配吵嗲醬享用。我常選用的食材和作法如下，大家可以隨自己喜好選用。

### 作法

1　生食蔬菜：美生菜手撕成適口大小、小黃瓜切片、紅蘿蔔切絲或切片、番茄切塊。

2　燙／煮熟：馬鈴薯切塊、四季豆切段、豆芽菜、水煮蛋切塊、油豆腐（不喜油炸可水煮）。

3　沙嗲醬同吵嗲雞肉串的沙嗲醬配方，隨生菜分量等比例放大調配沾醬。

水煮蛋佐香料鹽

安東燉雞

雞油炒青花筍

安東燉雞是以甜辣著名的韓國家庭料理，像我家孩子一樣不吃辣的話，不加辣椒即可。冬粉沾上甜甜鹹鹹的醬汁滑順好吃，又是一道一鍋解決一餐的完美料理！

## 食材

| | | | |
|---|---|---|---|
| 棒棒腿（切塊） | 600 克 | 辣椒 | 適量（不吃辣可略） |
| 洋蔥 | 半顆 | 寬粉條或韓國冬粉 | 50 克 |
| 紅蘿蔔 | 1 根 | | |
| 馬鈴薯 | 1 顆 | | |
| 蔥 | 3 根 | | |
| 薑末 | 0.5 小匙 | | |
| 蒜末 | 3 瓣 | | |

## 醃料

| | |
|---|---|
| 鹽 | 1/4 小匙 |
| 白胡椒粉 | 適量 |

## 調味料

| | |
|---|---|
| 麻油 | 1.5 大匙 |
| 醬油 | 4 大匙 |
| 米酒 | 2 大匙 |
| 蠔油 | 1 大匙 |
| 蜂蜜 | 1 大匙 |
| 水 | 500ml |
| 白芝麻 | 適量 |

# 安東燉雞

**1**
棒棒腿切塊600g
洗淨擰乾後,
用鹽、白胡椒粉抓醃

鹽
1/4小匙

白胡椒粉
適量

NOTES

① 韓式冬粉較難買到,可用台式冬粉,寬細皆可,我偏愛寬粉條。

② 冬粉易吸水,若是做成上桌料理,燉煮雞肉時用小火,留多一點
　湯汁下冬粉,成品口感更濕潤。

**2**
冬粉泡水
軟後切成
適口長段

寬粉條或韓國冬粉
50g

**3** 準備食材(蔬菜類)

薑末
0.5大匙

蒜末
3瓣

辣椒切片
適量
(紅綠皆可)
↳不吃辣可略

洋蔥半顆
切2.5cm
大丁

紅蘿蔔1根
↳切2.5cm
大丁

馬鈴薯
1顆

蔥3根切段
(蔥白、蔥綠分開)

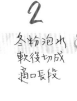

**4** 不加油
熱不沾鍋,
將棒棒腿切塊
煎表面金黃,
取出備用。

**5** 以麻油炒香蒜末、
薑末、蔥白段、辣椒片

麻油
1.5大匙

胡麻油

**6** 加入棒棒腿
拌炒一下

醬油
4大匙

料理米酒

米酒
2大匙

蠔油
1大匙

**7** 加入調味料

蜂蜜
1大匙

蜂蜜
Honey

水
500ml

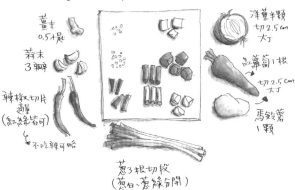

**8**
加入洋蔥、馬鈴薯
和紅蘿蔔,水滾後
加蓋小火燉25分鐘。

**9**
加入青蔥段及冬粉,
煮5分鐘。

**10** 灑一點白芝麻,
即可享用。

白芝麻
適量

豆腐飯

蜂蜜檸檬
梅漬小番茄

青花椰
炒鴻喜菇

秋栗燒雞

蒜鹽豆芽

香蔥
玉子燒

秋天是栗子的季節，除了糖炒栗子和各式甜點，也可以入菜。每到秋天，我一定會做這道秋栗燒雞，紅燒過的栗子，入口也像甜點一樣撫慰人心。

# 秋栗燒雞

**1** 去皮新鮮栗子15顆
入電鍋蒸20分鐘.
(外鍋1杯水)

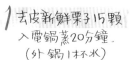

**2** 雞腿或棒棒腿切塊600g
洗淨瀝乾

**3** 準備食材

薑3片

葱2支
切段

辣椒
1根
去籽
切段

乾香菇
4朵
泡水切大塊

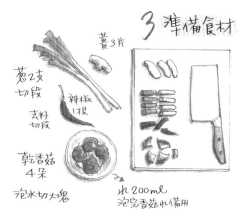

水200ml
泡完香菇水備用

**5** 放入雞腿塊,
煎至表皮微焦.

**6** 投入香菇,辣椒
炒香

**7** 加入米酒,醬油,糖,
炒香後,再倒入香菇水
煮滾。

米酒3大匙

醬油3大匙

糖
1大匙

醬油

料理米酒

香菇水
150ml

**4** 熱油鍋.
爆香薑片及葱白.

**9** 湯汁收乾前
加入青葱段,
拌炒一下,即可享用

**8** 加入蒸熟的栗子,
蓋鍋小火煮15~20分鐘.
中間掀蓋拌一下使上色均勻。

# 秋栗燒雞

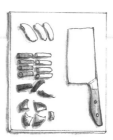

## 食材

NOTES
建議使用市場就可買到的去殼、去皮新鮮栗子,可省去自己剝殼去皮
的麻煩。

### 食材

| | |
|---|---|
| 雞腿或棒棒腿切塊 | 600 克 |
| 去皮新鮮栗子 | 15 顆 |
| 葱 | 2 根 |
| 薑 | 3 片 |
| 辣椒 | 1 根 |
| 乾香菇 | 4 朵 |

### 調味料

| | |
|---|---|
| 醬油 | 3 大匙 |
| 米酒 | 3 大匙 |
| 糖 | 1 大匙 |
| 泡香菇水 | 150ml |

## 延伸菜單
## Recipes Inspired

# 秋栗南瓜燒雞

### 食材

去骨雞腿排 ———————— 2 片
（共 350 克，每片切 7～8 小塊）
去皮新鮮栗子 ———— 12～15 顆
栗南瓜 ———————— 1/4 顆
（連皮切成雞腿塊同樣大小）
薑 ———————————— 3 片
蔥 ———————————— 2 根
（切段，蔥白蔥綠分開）

乾香菇 ———————————— 4 朵
（泡 250ml 水至軟、切大塊，泡香菇水留著備用）
紅辣椒 ———————————— 半根
（切斜片去籽泡水）

### 調味料

米酒 ———————————— 3 大匙
醬油 ———————————— 3 大匙
糖 ————————————— 1 大匙

### 作法

**1** 栗子入電鍋蒸 20 分鐘（外鍋 1 杯水），取出備用。

**2** 熱油鍋（少油），雞皮朝下將雞腿塊煎至兩面金黃（不必全熟），取出備用。

**3** 原鍋爆香薑片、蔥白及香菇塊，再加入煎過的雞腿拌炒一下。

**4** 加調味料炒香後，加進栗子、泡香菇水 200ml 煮滾，蓋鍋中小火燜煮 12 分鐘。

**5** 加入南瓜拌一下，再蓋鍋中小火煮 8～10 分鐘至熟，偶爾開蓋確認水分，拌一下食材使上色均勻。

**6** 最後加入蔥綠、辣椒片拌炒一下，即可享用。

芽炒豆芽

雜喜菇炒
青花椰

蔥花玉米炒蛋

涼拌小黃瓜

香滷棒棒腿

滷 30 分鐘、燜一小時，就有一鍋又嫩又入味的雞腿。下午簡單滷一鍋雞腿和油豆腐，可以當孩子放學後的點心，也可以是餐桌上的菜色，更可以是便當菜！

## 食材

| | |
|---|---|
| 雞棒棒腿 | 5 隻 |
| 乾香菇 | 5 朵 |
| 油豆腐 | 3 大塊 |
| 蔥 | 2 根 |
| 薑 | 3 片 |
| 八角 | 1 個 |

## 調味料

| | |
|---|---|
| 醬油 | 4 大匙 |
| 蠔油 | 2 大匙 |
| 米酒 | 2 大匙 |
| 糖 | 1 小匙 |
| 五香粉 | 1/4 小匙 |
| 泡香菇水 | 500ml |

# 香滷棒棒腿

4 雞棒棒腿5隻
入滾水汆燙後
洗淨備用

1 準備食材

葱2根
切2段

薑3片

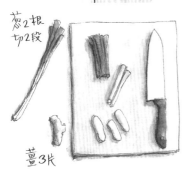

2 乾香菇5朵
泡軟(香菇水留著備用)

3 油豆腐3大塊
洗淨瀝乾備用

7 加調味料及水煮滾
加蓋小火燉半小時後,
熄火燜1小時即可享用♥

醬油
4大匙

蠔油
2大匙

米酒
2大匙

五香粉
1/4小匙

糖
1大匙

水
(連同泡香菇水)
500ml

6 將棒棒腿、油豆腐、
香菇以及八角擺入鍋肉。

八角1個

5 熱燉鍋,
用一點油爆香
薑片和葱段。

NOTES

① 吃辣的人可以加點辣椒一起滷。

② 做為精打細算的主婦,我不願意用太多醬油,所以水分只加 500ml,
　滷到一半可以把棒棒腿和油豆腐翻面一次,讓顏色均勻。

奶油雞腿
燴鮮蔬

水煮蛋

蒜炒
青花椰

醋漬
紫甘藍白蘿蔔

這道菜是孩子們保證喜歡的口味，除了帶便當，更可以當一鍋解決一餐的燴飯。不想吃米飯時，可搭配豆腐飯降低澱粉的攝取量。

### 食材

| | |
|---|---|
| 去骨雞腿排 | 2 片（約 350 克） |
| 洋蔥 | 半顆 |
| 紅蘿蔔 | 1/3 根 |
| 雪白菇（或鴻喜菇） | 1 包 |
| 玉米筍 | 4 根 |
| 甜豆 | 12 根 |

### 醃料

| | |
|---|---|
| 胡椒鹽 | 適量 |

### 調味料

| | |
|---|---|
| 無鹽奶油 | 30 克 |
| 雞高湯 | 150ml |
| 鹽 | 適量 |
| 白胡椒粉 | 適量 |

## 奶油雞腿燴鮮蔬

**1** 去骨雞腿排2片(約350g)
洗淨擦乾,切成一口大小

切好的雞肉
用胡椒鹽
抓醃備用

**NOTES**

做成燴飯時,把雞高湯量多加50ml,或者收汁不要
收到太乾即可。

**2** 準備食材

洋蔥半顆
切2cm丁

雪白菇或鴻喜菇1包
分小株

紅蘿蔔
1/3根
切薄片

玉筍4根
切小丁

甜豆12根
去蒂去筋

**3** 熱炒鍋,加入奶油,
融化後投入雞塊,
中小火煎至兩面上色。

**4** 放入洋蔥、紅蘿蔔、玉筍
和雪白菇,大致翻炒。

無鹽奶油
30g

雞高湯
150ml

**5** 加入雞高湯,
中火燴至收汁。

**6** 起鍋前3分鐘加甜豆
並以鹽和白胡椒粉
調味,甜豆熟即可享用♡

鹽 白胡椒粉

適量

泰式椒麻雞

泰式醬汁

甜豆炒
玉米筍

壽司醋漬
白蘿蔔

雞油炒
魚板青花椰

不知道該煮什麼的時候，做椒麻雞就對了。

這個食譜裡的泰式醬汁非常萬用，除了椒麻雞，還可以拿來做涼拌松阪肉、涼拌冬粉，非常好吃。

## 食材

| | |
|---|---|
| 去骨雞腿排 | 2 片（400 克） |
| 高麗菜 | 2～3 片 |

## 醃料

| | |
|---|---|
| 胡椒鹽 | 適量 |

## 泰式醬汁材料

| | | | |
|---|---|---|---|
| 魚露 | 2 大匙 | 花椒粉 | 適量（可略） |
| 檸檬汁 | 2 大匙 | 紅辣椒碎 | 適量（可略） |
| 糖 | 1.5 大匙 | | |
| 蒜泥 | 2 瓣 | | |
| 香菜碎 | 1 株 | | |

# 泰式椒麻雞

**1 準備醬汁**

魚露 2大匙

糖 1.5大匙

檸檬汁 2大匙

蒜泥 2瓣

花椒粉 適量

不吃辣可省略

香菜碎 1株

紅辣椒碎 適量

**2 鋪盤生菜切絲**

美生菜亦可

切細絲

高麗菜 2-3片 洗淨

**3 高麗菜絲**
泡冰水15分鐘
瀝乾備用

胡椒鹽 適量

**4**
去骨雞腿排 2片(400g)
洗淨擦乾
肉厚處切半(不切斷)
再灑一點胡椒鹽，
抓醃一下

去除多餘脂肪

**6** 用鑄鐵鍋蓋或重盤壓腿排.
中小火煎5分鐘.

**5** 雞皮朝下
將腿排
置於鍋內
(不放油)

**7** 取出重物，將肉翻面.
蓋鍋中小火燜煎5分鐘。

**8** 開蓋後將兩面
煎至喜愛的焦脆度.
取出切/剪塊。

(3)
淋醬汁後,
即刻享用
最美味♡

**9** 擺盤享用☺

(2)
擺上雞腿排

(1) 盤底鋪生菜絲

NOTES

① 高麗菜切絲後，先用冰水泡 15 分鐘瀝乾才使用，可使高麗菜絲更爽脆，淋上泰式醬汁非常好吃。

② 帶便當時醬汁務必另外瓶裝，吃之前淋醬，以免菜和肉變軟影響口感，便當盒滲出湯汁也不好處理。

水煮青花椰

櫻花蝦炒高麗菜

鮮菇炒小白菜

檸香鹽麴醬烤雞腿排

水煮蛋佐香料鹽

日本已流行多年、被稱為魔法調味料的鹽麴，在臺灣也很容易買到了。鹽麴可以在炒菜時取代鹽，用來醃肉可以軟化肉質。以新鮮檸檬汁和黑胡椒搭配鹽麴一起醃雞排，讓鹽麴有更多的應用。

**食材**

| 去骨雞腿排 | 1 片 |
|---|---|

**其他**

| 耐高溫植物油 | 適量 |
|---|---|

**醃料**

| 檸檬汁 | 1 大匙 |
|---|---|
| 鹽麴 | 1 大匙 |
| 醬油 | 1 小匙 |
| 蒜泥 | 1 瓣 |
| 研磨黑胡椒 | 適量 |

檸香鹽麴
醬烤雞腿排

1 準備食材

去骨雞腿排1片
洗淨擦乾

用叉子戳洞
幫助入味

去除多餘脂肪

2 調勻醃料，將雞腿排兩面
均勻沾附醃料，冷藏醃製至少1小時。

檸檬汁
1大匙

鹽麴
1大匙

醬油
1大匙

研磨
黑胡椒
適量

蒜泥
1瓣

3 烤箱預熱 200℃

耐高溫植物油
適量

avocado oil

5 雞皮朝上放烤盤
抹上一層薄薄的油

4 抹掉肉片上
的鹽麴

烘焙紙

6 200℃烤 20-25分鐘
肉熟、表皮上色即可享用♡

NOTES

① 鹽麴易焦，烤之前請用手或廚房紙巾將雞排上的鹽麴抹去。
② 若一次醃兩片雞排，視雞排大小，醃料分量等比 1.5 至 2 倍皆可。
③ 可將雞腿排替換成松阪豬或豬邊肉，醃料隨肉的分量等比加大量即可。

高湯燙
白花椰

蔥燒雞腿

肉末玉米

九煮蛋

青江菜炒
黑木耳

超級下飯的蔥燒雞腿，15 分鐘就能快速上菜，連紅椒都入味好吃。

| 食材 | | 醃料 | | 調味料 | |
|---|---|---|---|---|---|
| 去骨雞腿排 | 2 片（約 350 克） | 胡椒鹽 | 適量 | 米酒 | 1 大匙 |
| 洋蔥 | 半顆 | | | 蠔油 | 1 大匙 |
| 紅甜椒 | 1/4 顆 | | | 番茄醬 | 0.5 大匙 |
| 蔥 | 3 根 | | | 糖 | 1 小撮 |
| 蒜頭 | 3 瓣 | | | | |

# 蔥燒雞腿

1 去骨雞腿排2片(約350g)
洗淨擦乾. 切成適口大小
(每片7-8塊)
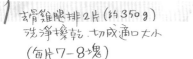

胡椒鹽
適量

2 切好的雞肉
用胡椒鹽
抓醃備用

3 準備配料
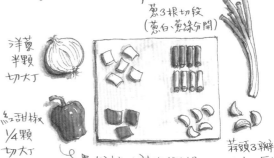
洋蔥
半顆
切大丁

紅甜椒
1/4顆
切大丁

蔥3根切段
(蔥白、蔥綠分開)

吃辣者改辣椒段1根

蒜頭3瓣
斜切厚片

5 加入洋蔥、蔥白、紅甜椒
及蒜片. 拌炒均勻.

一點油
即可

4 熱油鍋.
中火將雞塊
煎至兩面金黃.

7 加入蔥綠段
拌炒30秒.
即可享用

6 加入調味料.
中火炒2-3分鐘
至收汁肉入味

米酒
1大匙
蠔油
1大匙
番茄醬
0.5大匙

糖
1小撮

涼拌菜

椒鹽
金針菇
肉捲

醬香奶油
蘿蔔燒雞腿

水煮蛋

冬天的蘿蔔便宜又好吃，用來煮湯燉肉之外，我也想看看還有什麼花樣可以變。在網站上看到日本媽媽用醬油和奶油來做蘿蔔料理覺得非常有意思，這個食譜裡的食材、調味料都符合生酮的原則，調味上不會太鹹，可以直接吃不需要配飯。

## 食材

去骨雞腿排 ———— 1 片（200 克）
白蘿蔔 ———————— 300 克
鴻喜菇 ———————— 1 包
香菜 ————————— 1 株

## 醃料

白胡椒鹽 ———————— 適量

## 調味料

奶油 ———————————— 1 大匙
醬油 ——————————— 1.5 大匙
水 ———————————— 150ml

1 準備食材 (雞肉)

白胡椒鹽
適量

(2)
灑一點胡椒鹽
抓醃一下

去骨雞腿
1片

(1)切成一口大小
(約8小塊)

醬香奶油
蘿蔔燒雞腿

白蘿蔔300g
切片

2 準備食材

鴻喜菇1包
分小株

香菜1株
切小段

不沾鍋
不必加油

3 熱平底鍋.
先將雞皮油脂煎出,
再將雞塊煎2面金黃.
取出備用.

5 加入煎過的
雞塊及鴻喜菇
拌炒一下.

6 加入奶油及醬油.
拌勻後加水煮滾.
加蓋中小火煮6分鐘.

醬油
1.5大匙

奶油
1大匙

水
150ml

4 原鍋放入蘿蔔片,
2面各煎3分鐘.
(油不夠可添一點油)

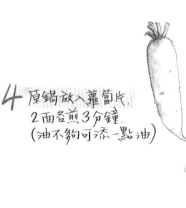

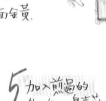

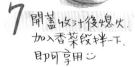

7 開蓋收汁後熄火.
加入香菜段拌一下.
即可享用.

NOTES 不愛香菜的話,可以用蔥末取代。

咖哩生薑燒雞腿

蔥花萃脯屑玉子燒

青椒肉絲

魚板炒高麗菜

生薑燒雞腿加一點咖哩粉，感覺好新鮮！不需要特殊醬料也不是功夫菜，15 分鐘就能端出一道好吃又香味十足的料理！

| 食材 | | 醃料 | | 調味料 | |
|---|---|---|---|---|---|
| 去骨雞腿排 | 2 片（400 克） | 咖哩粉 | 1 大匙 | 米酒 | 1 大匙 |
| 洋蔥 | 半顆 | 白胡椒鹽 | 適量 | 醬油 | 1 大匙 |
| | | | | 味醂 | 1 大匙 |
| | | | | 番茄醬 | 0.5 小匙 |
| | | | | 薑泥 | 2 小匙 |

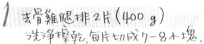

1 去骨雞腿排2片 (400 g)
洗淨擦乾.每片切成7-8小塊。

咖哩生薑
烤雞腿

3 洋蔥切粗絲

洋蔥
半顆

2 雞塊先用胡椒鹽
抓醃一下.再加入
咖哩粉拌勻。

白胡椒鹽
適量

咖哩粉
1大匙

5 投入洋蔥絲
拌炒均勻。

6 倒入預先拌勻的醬汁.
炒至肉熟收汁入味.
即可享用心

米酒
1大匙

醬油
1大匙

味醂
1大匙

一點油
即可

4 熱油鍋.中小火
將雞塊煎至
兩面金黃。

薑泥
2大匙

番茄醬
0.5大匙

蜂蜜芥末
照燒雞腿排

鹽麴
甜菜花

香料鹽
洋芋

南瓜
茶巾絞

壽司醋漬
紅白蘿蔔

照燒雞是我給孩子做的第一個便當主菜，當時首次做就成功，孩子們也好愛，這輩子第一次覺得自己原來很會做菜啊！有了這種必要的錯覺，才能支撐我一直學做孩子愛吃的菜到今日。

加了蜂蜜和芥末籽的蜂蜜芥末照燒雞腿排，很像是照燒雞的華麗版，無論佐餐或作便當主菜，餐桌和便當盒都會有種瞬間亮麗起來的感覺。

1 處理雞腿排

去骨雞腿排1片
洗淨瀝乾

厚肉切半
(不切斷)
肉向外翻,
使厚度平均

用叉子戳洞
幫助入味

去除
多餘脂肪

# 蜂蜜芥末
# 照燒雞腿排

2 先在碗中調好醬汁

蜂蜜
1大匙

顆粒
芥末籽醬
2大匙

味醂
1大匙

醬油
1大匙

3 熱不沾鍋,雞皮朝下放入雞排.
以重物壓住雞排,
中小火煎5分鐘至皮金黃.

若為其他鍋種請抹點油

鑄鐵鍋蓋
或重瓷盤
皆可!

4 取出重物,
將雞排翻面.
中火將雞排煎熟(約3-5分鐘)

6 加入調好的醬汁
小火收汁,同時翻動雞排.
使兩面均勻上色入味.

5 用紙巾
把鍋內的油
擦乾淨

7 待醬汁濃稠即可熄火.
雞排切/剪成塊.
淋上鍋中剩餘的醬汁.
即可享用♡

# 蜂蜜芥末照燒雞腿排

## 食材

NOTES 若一次煎兩片雞排，調味料用 1.5 或 2 倍等比例調配皆可。

### 食材

| | |
|---|---|
| 去骨雞腿排 | 1 片 |

### 調味料

| | |
|---|---|
| 蜂蜜 | 1 小匙 |
| 顆粒芥末籽醬 | 2 小匙 |
| 味醂 | 1 大匙 |
| 醬油 | 1 大匙 |

延伸菜單

*Recipes Inspired*

## 照燒雞

**食材**

去骨雞腿排 ——————— 2 片

**照燒醬**

糖 ——————————— 1 小匙
味醂 ————————————— 1 大匙
醬油 ————————————— 1 大匙
日本清酒或米酒 —————— 1 大匙

**作法**

煎雞排作法與本食譜相同，將醬汁改成上列照燒醬即可。

蜂蜜味噌醬
烤雞腿排

蒜炒
青花筍

蒜鹽豆芽

涼拌黑木耳

蜂蜜和味噌用來作為烤肉的佐醬真是再對味不過了，而且超開胃！放進設定好的烤箱就能完成的美味主菜，對媽媽來說，真的是夏天最佳不流汗料理。

**食材**

去骨雞腿排 ── 2 片（約 350 克）

**醃料**

信州味噌 ──────── 1 大匙
蜂蜜 ──────── 1 大匙
醬油 ──────── 1 小匙
米酒 ──────── 1.5 大匙
蒜泥 ──────── 1 瓣

**其他**

蜂蜜 ──────── 1 小匙
耐高溫植物油 ──────── 適量

# 蜂蜜味噌醬烤雞腿排

## NOTES

① 刷過蜂蜜的雞腿排比較容易焦，烤程中請不時觀察腿排，若覺得雞皮快被烤焦，可以蓋一層錫箔紙保護。

② 同樣的醃料可以用來醃雞翅，雞翅事前處理和烤的時間同書中其他烤雞翅料理，但溫度設定 190 度。

**1** 去骨雞腿排 2片
（約350g）
洗淨擦乾

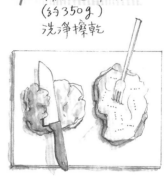

**2** 用叉子在兩面戳洞，有助入味。

**3** 肉厚處用刀切半（不切斷），肉向外翻，使厚度均勻。

**4** 醃料拌勻並將雞排抓醃，冷藏醃製至少 2小時（隔夜更佳）

蜂蜜 1大匙
醬油 1小匙
米酒 1.5大匙
信州味噌 1大匙
蒜泥 1瓣

使用大蒜壓泥器事半功倍

**5** 烤箱預熱 190°C

**6** 烤盤鋪烘焙紙，放上雞排（雞皮朝上）

**7** 在雞皮上刷一層薄薄的蜂蜜和耐高溫植物油

蜂蜜 1小匙
耐高溫植物油 適量
avocado oil

**8** 190°C 烤 15-20分鐘至肉熟，即可取出享用

塔香味噌鹽麴
雞腿排

肉絲筍片

南瓜
蒟紋

蒜炒
小芥蘭

水煮蛋
佐香草鹽

和先前的檸香鹽麴醬烤雞腿排一樣,這次的醃料也可以拿來醃松阪豬或邊肉,媽媽又多一道菜可以變化。

# 塔香味噌鹽麴雞腿排

**1 準備食材**

去骨雞腿排2片
洗淨擦乾

無論雞肉或豬肉
皆用叉子戳洞
助入味

肉厚處
用刀切開
(不切斷),
肉向外翻
使厚度一致

亦可使用
松阪豬或邊肉

**2** 將醃料拌勻,
加入肉片抓醃一下,
冷藏醃製至少半天.

九層塔1把
切碎

信州味噌
2大匙

糖
2小匙

鹽麴
1大匙

米酒
1大匙

醬油
2小匙

味醂
1大匙

料理米酒

醬油

味醂

**3** 烤箱預熱 200℃
(肉片自冰箱取出回溫)

若用豬肉,
請先抹
薄薄一層油

雞皮朝上

耐高溫植物油

RICE BRAN OIL

**4** 將肉上的醃料抹除(不要洗), 以 200℃ 烤熟即可享用♡
- 雞腿排:烤25分鐘.
- 松阪豬或邊肉:烤15分鐘後, 翻面再烤10-15分鐘.

# 塔香味噌鹽麴 雞腿排

## 食材

NOTES

① 亦可用平底鍋少油小火煎熟。

② 沒有鹽麴也可以不加，但加了肉質會變得更嫩。

### 食材

去骨雞腿排 ———————— 2 片
（亦可使用松阪豬或邊肉）

### 醃料

| | |
|---|---|
| 九層塔 | 1 把 |
| 信州味噌 | 2 大匙 |
| 糖 | 2 小匙 |
| 鹽麴 | 1 大匙 |
| 米酒 | 1 大匙 |
| 醬油 | 2 小匙 |
| 味醂 | 1 大匙 |

### 其他

耐高溫植物油 ———————— 適量

延伸菜單

Recipes Inspired

## 塔香味噌鹽麴金針菇

**食材**

金針菇 ― 1包（切掉根部，洗淨剝散）

**調味料**

塔香味噌鹽麴雞腿排烹調後，剩下的醃肉醬汁

**作法**

**1** 熱油鍋（一點油即可），加入金針菇炒軟。

**2** 加入調味料拌炒至菇熟入味，即可享用。

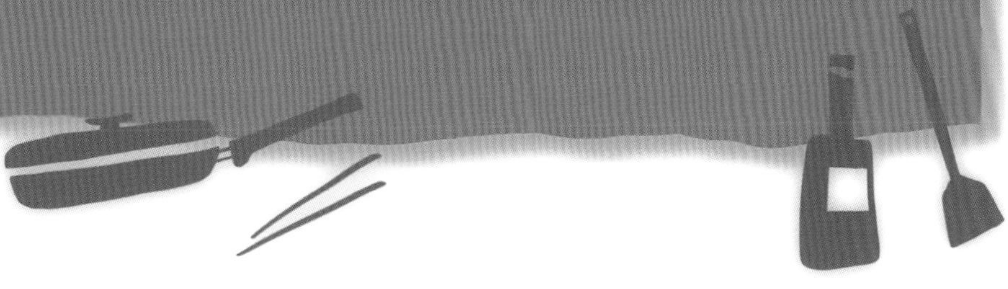

香煎雞腿排佐莎莎醬

櫻花蝦炒蘿蔔絲

茭白筍炒肉絲

西蘭花炒蝦球

莎莎醬

雞腿煎後雞皮變得超酥脆，與清爽的莎莎醬真是絕配。莎莎醬的味道若不愛那麼酸，可以先用半匙新鮮檸檬汁的量，搭配鹽甚至一點點糖來慢慢調整成自己喜歡的味道。

## 食材

去骨雞腿排 ── 2 片（約 400 克）

## 醃料

| | |
|---|---|
| 米酒 | 1 大匙 |
| 蒜頭碎 | 2 瓣 |
| 鹽 | 1/4 小匙 |
| 白胡椒粉 | 適量 |

## 經典莎莎醬材料

| | |
|---|---|
| 牛番茄 | 1 顆 |
| 洋蔥碎 | 1/8 顆 |
| 香菜碎 | 1 株 |
| 檸檬汁 | 1 大匙 |
| 鹽 | 適量 |
| 研磨黑胡椒 | 適量 |
| 初榨橄欖油 | 1 大匙 |

## 鳳梨莎莎醬材料

| | |
|---|---|
| 牛番茄 | 1 顆 |
| 新鮮鳳梨 | 1/6 顆 |
| 洋蔥碎 | 1/8 顆 |
| 香菜碎 | 1 株 |
| 檸檬汁 | 1 大匙 |
| 鹽 | 0.5 小匙 |
| 研磨黑胡椒 | 適量 |

# 香煎 雞腿排 佐 莎莎醬

1 處理雞腿排

去骨雞腿排2片
洗淨擦乾

用叉子
戳皮和肉
有助入味

肉厚處
用刀切半
(不切斷)
肉向外翻
使厚度均勻

去除
多餘脂肪

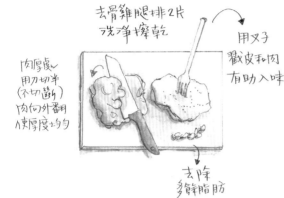

2 雞腿排抓醃一下
冷藏醃製至少半小時.

料酒
1大匙

白胡椒粉
適量

鹽
1/4小匙

蒜頭碎
2瓣

料理米酒

牛番茄
1顆
去籽切細丁

洋蔥碎
1/8顆

香菜碎
1株

檸檬汁
1大匙

初榨
橄欖油
1大匙

鹽

研磨
黑胡椒

適量

經典莎莎醬

3 莎莎醬二式

鳳梨莎莎醬

牛番茄
1顆
去籽切細丁

鳳梨1/6顆
去芯切丁

洋蔥碎
1/8顆

檸檬汁
1大匙

鹽
0.5小匙

研磨
黑胡椒
適量

香菜碎
1株

NOTES

可將鳳梨改成芒果，即為芒果莎莎醬。

# 香煎雞腿排 佐 莎莎醬

5 以鑄鐵鍋蓋或重鹽壓在雞腿排上，中小火煎5分鐘。

4 挑除蒜碎，將腿排雞皮朝下放入鍋內。(不沾鍋可不放油)

6 取出重物，將肉翻面，蓋鍋中小火再煎5分鐘。

7 開蓋後將2面煎至喜愛的焦脆度，即可盛盤。

8 淋上莎莎醬，即可享用︵

## 延伸菜單
## Recipes Inspired

### 香煎雞腿排

**作法**

將食譜中的雞腿排煎熟就非常好吃，口味重一點可以再灑一點
胡椒鹽。

---

### 迷迭香雞腿排

**作法**

若家中有種迷迭香，可取 2 段 10 公分小枝的新鮮嫩葉切碎，連
同 1 小匙米酒、0.5 小匙鹽、蒜頭碎 1 瓣和適量的胡椒粉，均勻
抹在兩片雞腿排的兩面，冷藏醃製 1 天之後，兩面煎金黃至熟
即可。

紅糟醬烤雞腿排

鹽麴彩椒

蔥花玉米炒蛋

蒜香奶油蘑菇

冰箱裡的紅糟醬，除了炒菜、燉肉，也可以拿來醃肉。身為勤儉持家的主婦，當然要讓調味料都能發揮到極致，物盡其用！

**1 準備食材**

去骨雞腿排1片
洗淨擦乾

用叉子戳洞
助入味

肉厚處用刀
切開(不切斷)
肉向外翻
使厚度一致

亦可使用
邊肉或
松阪豬

紅糖醬烤
雞腿排

**2 將調勻的醃料**
均勻抹在肉的兩面.
冷藏醃製至少半天.

喜歡重一點的口味.
可以加一點醬油.

米酒
1大匙

若無味醂.
可用米酒
加糖代替

味醂
1大匙

糖
1小匙

1小匙

紅糖醬
1大匙

★醃料基本3成員:
蒜泥、味醂、
紅糖醬

蒜泥
1瓣

雞排或豬肉皆同

**3 烤箱預熱 200℃**

若用邊肉或松阪豬
請先抹薄薄
一層油

雞皮朝上

avocado

耐高溫植物油
適量

**4 將肉上的醃料抹除. 200℃ 烤肉至熟. 即可享用**
• 雞腿排:烤25分鐘
• 松阪豬或邊肉:烤20分鐘後. 番翻面再烤5-10分鐘。

# 紅糟醬烤雞腿排

## 食材

### NOTES

① 烤出來的肉搭配新鮮芒果切塊一起吃，口感新鮮又解膩。

② 若沒有味醂，可用 1 大匙米酒加 1 小匙糖代替。

### 食材

去骨雞腿排 ——————— 1 片

（亦可使用豬邊肉或松阪豬）

### 醃料

紅糟醬 ——————— 1 大匙

味醂 ——————— 1 大匙

蒜泥 ——————— 1 瓣

醬油 ——————— 1 小匙（可略）

### 其他

耐高溫植物油 ——————— 適量

## 延伸菜單
## Recipes Inspired

### 鹽麴醬烤雞腿排

**食材**

去骨雞腿排 ——————————— 2 片

**醃料**

| | |
|---|---|
| 鹽麴 | 1 大匙 |
| 味醂 | 1 大匙 |
| 蒜泥 | 1 瓣 |
| 醬油 | 1 小匙 |

**作法**

**1** 雞腿排洗淨擦乾,用叉子戳洞幫助入味。

**2** 將調勻的醃料均勻抹在雞腿排兩面,冷藏醃製至少半天。

**3** 烤箱預熱攝氏 200 度,將肉上的醃料抹除,在皮上抹薄薄一層耐高溫植物油,雞皮朝上烤 25 分鐘即可享用。

### 味噌醬烤雞腿排

**食材**

去骨雞腿排 ——————————— 2 片

**醃料**

| | |
|---|---|
| 信州味噌 | 1 大匙 |
| 味醂 | 1 大匙 |
| 蒜泥 | 1 瓣 |
| 醬油 | 1 小匙 |

**作法**

同上方鹽麴醬烤雞腿排。

**NOTES**

① 這三種醬料高溫下都容易烤焦,烤之前務必用手或廚房紙巾將醃料儘量抹除。
② 亦可將雞腿排改成松阪豬或豬邊肉。

洋蔥雞翅

筍絲炒肉絲

蒜炒味莧菜

蔥花蘿蔔煎玉子燒

洋蔥子排是我初畫食譜時摸索出來的一道菜，口味極佳，愛吃肉的孩子們都給很高的評價，媽媽朋友們做過後也都很喜歡。帶常溫便當的話，就用同樣調味做成洋蔥雞翅！

**1 準備食材**

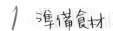

雞翅16隻洗淨擦乾

部份用
翅腿亦可

洋蔥半顆

用叉子戳洞,
幫助入味

紅蔥頭3瓣
切碎

切粗絲

# 洋蔥雞翅

鹽 白胡椒粉

**2** 雞翅用鹽和白胡椒粉
抓醃,靜置10分鐘.

適量

不放油

**3** 用不沾鍋將雞翅
煎2面金黃.
取出備用
(逼出的雞油可炒菜)

**5** 加入雞翅、八角及調味料.

**4** 熱燉鍋用一點油
炒香洋蔥絲和
紅蔥頭碎.

八角
1顆

紅興酒
(半酒水)
1.5大匙

蠔油
1.5大匙

醬油
1大匙

番茄醬
1.5大匙

水
350ml

糖
1小匙

**6** 湯汁滾後,蓋鍋小火燉煮
20分鐘(翻面1、2次).
開蓋大火收汁(3-5分鐘).
即可享用♡

# 洋蔥雞翅

## 食材

### 食材

| | |
|---|---|
| 雞中翅或翅腿 | 共 16 隻 |
| 洋蔥 | 半顆 |
| 紅蔥頭 | 3 瓣 |
| 八角 | 1 顆 |

### 醃料

| | |
|---|---|
| 白胡椒粉 | 適量 |
| 鹽 | 適量 |

### 調味料

| | |
|---|---|
| 紹興酒或米酒 | 1.5 大匙 |
| 蠔油 | 1.5 大匙 |
| 番茄醬 | 1.5 大匙 |
| 醬油 | 1 小匙 |
| 糖 | 1 小匙 |
| 水 | 350ml |

## 延伸菜單
## Recipes Inspired

## 洋蔥子排

### 食材

子排 —————————— 1 斤（切塊）
洋蔥 ————————— 1.5 顆（切 0.5cm 絲）
紅蔥頭 ————————— 4 瓣（切碎）

### 調味料

紹興酒或米酒 ————————— 2 大匙
蠔油 ——————————————— 2 大匙
醬油 ——————————————— 2 大匙
番茄醬 —————————————— 1 大匙
糖 ———————————————— 0.5 大匙
八角 ——————————————— 1 顆
水 ——————————————— 500ml

### 作法

1 熱燉鍋，用一點油將排骨煎至表面微焦，取出備用。

2 原鍋將紅蔥頭碎及 1 顆洋蔥絲炒香。

3 加入煎過的排骨和調味料，水滾後蓋鍋小火燉 30 分鐘，熄火燜 30 分鐘。

4 再開小火煮 15 分鐘，加入剩下的半顆洋蔥絲煮軟、湯汁微收，即可享用。

蜜汁雞翅

蒜酥炒高麗菜

涼拌干絲

葡萄醋漬白蘿蔔

青江菜炒玉米筍

甜甜鹹鹹的蜜汁雞翅是小朋友的最愛。做法簡單，備料容易，製作快速，佐餐帶便當都合適。

## 食材

| | |
|---|---|
| 雞中翅 | 18 隻 |

## 醃料

| | |
|---|---|
| 蜂蜜 | 1.5 大匙 |
| 蠔油 | 2 大匙 |
| 醬油 | 1 大匙 |
| 蒜頭碎 | 3 瓣 |
| 研磨黑胡椒 | 轉 15 下的量 |

# 蜜汁雞翅

1　雞中翅18隻
　洗淨瀝乾備用

用叉子戳洞
有助入味

若買到2節翅
翅尖切下可另煮高湯。

2　混合醃料,
　將雞翅抓醃,
　放冰箱冷藏醃製
　至少半小時。

蜂蜜
1.5大匙

蠔油
2大匙

醬油
1大匙

研磨黑胡椒
轉15下的量

PEPPER

蒜頭碎
3瓣

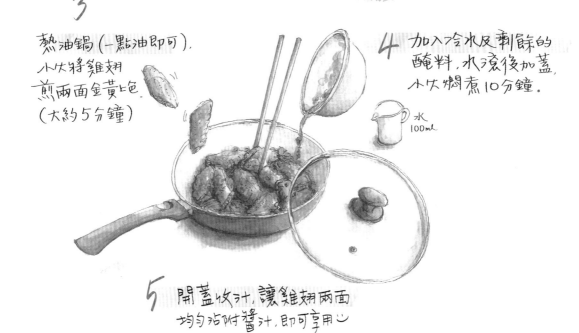

3　熱油鍋(一點油即可),
　小火將雞翅
　煎兩面金黃色
　(大約5分鐘)

4　加入冷水及剩餘的
　醃料,水滾後加蓋,
　小火燜煮10分鐘。

水
100ml

5　開蓋收汁,讓雞翅兩面
　均勻沾附醬汁,即可享用

啤酒雞翅

鹽麴拌
彩椒筊白筍

鮪魚拌
青花椰

椒鹽
杏鮑菇

壽司醋漬
白蘿蔔

啤酒內的酵母有助軟化肉質，不同口味的啤酒也會讓煮出來的雞翅有不一樣的風味。正餐、消夜、下酒菜、帶便當，全部都合適。

### 食材

| | |
|---|---|
| 雞中翅或翅腿 | 共 20 隻 |
| 洋蔥 | 半顆 |

### 醃料

| | |
|---|---|
| 鹽 | 0.5 小匙 |
| 研磨黑胡椒 | 適量 |

### 調味料

| | |
|---|---|
| 啤酒 | 一罐 |
| （330ml，品牌不限） | |
| 醬油 | 1 大匙 |

### 其他

| | |
|---|---|
| 無鹽奶油 | 共 2 大匙 |

# 啤酒雞翅

**1** 準備食材

雞中翅 20 隻
(可混搭翅腿)
洗淨擦乾

用叉子
戳洞
助入味

洋蔥半顆
切絲

**2** 雞翅用鹽和黑胡椒抓醃,
冷藏醃製至少半小時。

研磨黑胡椒
適量

鹽
0.5小匙

PEPPER

**3** 熱不沾鍋,
以奶油將雞翅
煎兩面金黃。

無鹽奶油
1大匙

若用其他鍋種,
雞翅先沾一些麵粉再煎,
外皮較不易煎破。

**4** 熱燉鍋,
用奶油將洋蔥絲
炒至微透明。

無鹽奶油
1大匙

**5** 煎過的雞翅鋪在洋蔥上,
倒入啤酒和醬油,
大火滾3分鐘,
讓酒精揮發。

啤酒
1罐
330ml

醬油
1大匙

將醬油

**6** 蓋鍋小火燉20分鐘(翻面一次),即可享用。

甜辣醬
雞翅

茄茄醬
拌蝦仁

椒鹽
四季豆

水煮蛋
佐香料鹽

水煮
青花椰

每年端午吃完粽子，剩下的半罐甜辣醬總是自此在冰箱裡冷藏到隔年？來試試這道簡單又好吃的甜辣醬雞翅，讓家裡的調味料有更多表現的機會。

## 食材

| | |
|---|---|
| 雞中翅 | 20 隻 |

## 醃料

| | |
|---|---|
| 甜辣醬 | 4 大匙 |
| 蜂蜜 | 1 大匙 |
| 蒜泥 | 3 瓣 |
| 研磨黑胡椒 | 適量 |
| 義式香料 | 適量 |

# 甜辣醬雞翅

## 1 準備食材

雞中翅20隻
洗淨擦乾

用叉子戳洞
幫助入味

蒜頭
3顆

壓成泥

## 2 雞翅加入調味料約
「按摩」3分鐘.
冷藏醃製至少30分鐘.
(隔夜更佳)

甜辣醬
4大匙

蜂蜜
1大匙

蒜泥
3顆

研磨
黑胡椒
適量

## 3 烤箱預熱 200℃

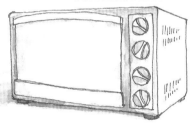

## 4 烤盤鋪烘焙紙 擺好雞翅.
均勻灑上義式香料.
(羅勒、洋香菜、綜合皆可)
200℃烤15分鐘後取出烤盤.

烘焙紙 →

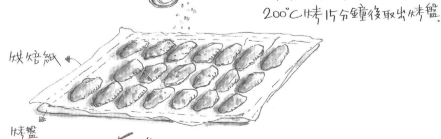

烤盤

## 5 雞翅翻面並灑義式香料.
再入烤箱烤10-15分鐘.
即可享用

美乃茄醬烤雞翅

大腿馬鈴薯絲

鵝油蔥酥炒高麗菜

蒜蓉青花椰

在網路上看到 Mayochup 美乃茄醬這個新詞，覺得很有趣。維基百科上寫著製作比例是番茄醬：美乃滋＝ 1:2，我最喜歡這種用家裡現有醬料就能做的食譜啦！把它運用在我和孩子都愛的烤雞翅上，果然超級好吃！

## 食材

| | |
|---|---|
| 雞中翅 | 14 隻 |

## 醃料

| | |
|---|---|
| 美乃滋 | 3 大匙 |
| 番茄醬 | 1.5 大匙 |
| 蒜泥 | 2 瓣 |
| 研磨黑胡椒 | 適量 |
| 義大利香料 | 適量 |
| 胡椒鹽 | 適量 |

美乃茄醬
烤雞翅

*1* 雞中翅 14隻
洗淨擦乾
用叉子戳洞
助入味

*2節翅
或翅腿
亦可*

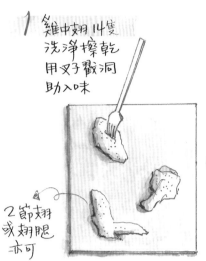

*2* 灑一點胡椒鹽
抓醃一下

胡椒鹽
適量

*3* 將美乃茄醬拌勻,
加入雞翅抓醃後,
冷藏醃製至少半小時
(隔夜更佳)

番茄醬
1.5大匙

適量

石研磨
黑胡椒

義大利
香料

美乃滋
3大匙

*4* 烤箱預熱 200°C

蒜泥
2瓣

*5* 烤盤鋪烘焙紙,擺好雞翅.
200°C烤15分鐘後,取出烤盤.

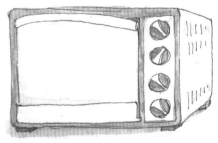

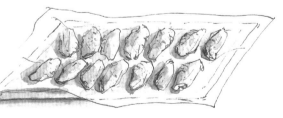

*6* 將雞翅翻面後,再烤10-15分鐘,
即可享用

咖哩優格烤雞翅

蒜鹽洋芋

甜豆蝦仁

水煮蛋

沒有什麼特別的香料，只用咖哩粉、番茄醬、蒜泥和優格作為主要調味醃製的咖哩優格烤雞翅，再次獲得兩小和老公的讚賞。我喜歡把廚房、冰箱裡的調味料來隨機組合實驗一下，總能得到各種驚喜。

| 食材 | |
|---|---|
| 雞中翅 | 16 隻 |

| 醃料 | |
|---|---|
| 希臘式優格 | 3 大匙 |
| 咖哩粉 | 1 大匙 |
| 番茄醬 | 2 大匙 |
| 蒜泥 | 2 瓣 |
| 鹽 | 1/4 小匙 |
| 白胡椒鹽 | 適量 |

# 咖哩優格烤雞翅

## 1 準備食材

(1) 雞中翅16隻 洗淨擦乾

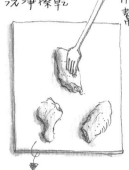

用叉子戳洞 幫助入味

白胡椒鹽 適量

(2) 加一點胡椒鹽抓醃一下

也可以用一點翅腿

## 2 醃雞肉

醃料倒入塑膠袋內
混合均勻，
再加入雞翅揉勻。
冷藏醃製至少1小時。

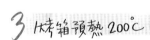

希臘式優格
無糖或蜂蜜口味
3大匙

咖哩粉
1大匙

番茄醬
2大匙

鹽
1/4小匙

蒜泥2瓣瓣

## 3 烤箱預熱200℃

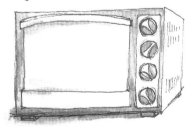

## 4 烤盤鋪烘焙紙，擺好雞翅，200℃烤15分鐘後，取出烤盤。

### Notes

① 希臘式優格用無糖或蜂蜜口味皆可，各有不同風味。
② 買不到希臘式優格，可用普通優格代替（亦為無糖或蜂蜜口味），儘量選購較濃稠的品牌。
③ 雞翅翻面再烤的時間隨個人口感喜好調整，烤越久表皮更焦脆。

## 5 將雞翅翻面後，再烤10-15分鐘，即可享用。

咖哩烤
雞翅腿

高湯燴
雙色花椰

麻油香炒
黑胡
鴻喜菇

水煮蛋

我和家人都愛雞翅料理，看到不同食譜都會試試看。這道咖哩烤雞翅口感酥脆，咖哩、薑黃和孜然粉共同譜出令人吮指的異國風味，非常好吃，家中的孜然粉也有了更多出場的機會。

## 食材

雞中翅或翅腿 ———— 共 12 隻

## 醃料

| | |
|---|---|
| 咖哩粉 | 2 小匙 |
| 薑黃粉 | 2 小匙 |
| 孜然粉 | 1 小匙 |
| 鹽 | 1/4 小匙 |
| 米酒 | 2 大匙 |

# 咖哩烤雞翅腿

## 1 準備食材

(1) 雞中翅或翅腿12隻洗淨擦乾

(2) 雞翅用叉子戳洞有助入味

(3) 翅腿肉厚處可切幾刀幫助入味

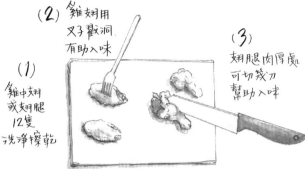

鹽
1/4小匙

咖哩粉
2小匙

薑黃粉
2小匙

孜然粉
1小匙

米酒
2大匙

## 3 烤箱預熱200℃

## 2
在乾淨的塑膠袋中將醃料混合均勻。再加入雞翅、翅腿、揉勻後冷藏醃製2小時(隔夜更佳)。

**NOTES**
雞翅兩面都烤過,色澤及口感更佳。

## 4
烤盤鋪烘焙紙,擺上雞翅。200℃烤15分鐘後,取出烤盤。

## 5
將雞翅翻面後,再烤10-15分鐘,即可享用。

香煎南瓜片
佐香料鹽

青檸可樂
雞翅腿

雪菜肉末
炒玉米

洋蔥炒蛋

加了檸檬的青檸可樂雞翅腿，用新鮮檸檬汁帶出一點酸酸甜甜的滋味，是可樂雞翅的夏日變化版，簡單又好吃，孩子們都好愛。

### 食材

| | |
|---|---|
| 雞中翅或翅腿 | 共 12 隻 |
| 蒜頭 | 2 瓣 |
| 青蔥 | 1 根 |

### 醃料

| | |
|---|---|
| 胡椒鹽 | 適量 |

### 調味料

| | |
|---|---|
| 可樂 | 150ml |
| 醬油 | 1 大匙 |
| 檸檬汁 | 1 ～ 2 小匙 |

# 青檸可樂雞翅腿

## 1 準備食材

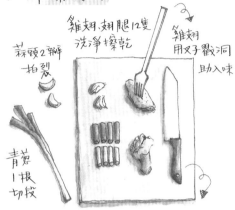

蒜頭2瓣
拍裂

雞翅、翅腿12隻
洗淨擦乾

雞翅
用叉子戳洞
助入味

青蔥
1根
切段

翅腿肉厚處
用刀劃開

NOTES

① 請用一般可樂（汽水也可以），不能用健怡可樂。
② 最後不加檸檬汁的話，就是一般的可樂雞翅。

## 2 雞翅、翅腿用一點
胡椒鹽抓醃備用

胡椒鹽
適量

## 4 加入蔥段及
蒜瓣爆炒香

## 3 熱不沾鍋,用一點油
將雞翅、翅腿煎至
表面金黃後,推至鍋邊。

## 5 加入可樂及醬油,滾後蓋鍋,
小火煮20分鐘。
（期間拌一下,讓雞翅均勻上色。）

亦可用
汽水

可樂
150ml

醬油
1大匙

## 6 開蓋大火收汁
熄火後淋上
檸檬汁拌勻,即可享用

檸檬汁
1-2大匙

黑胡椒檸檬
醬烤雞翅腿

魚板炒
高麗菜

南瓜
蛋沙拉

西班牙
蒜味
蘑菇

蒜炒
芥蘭花

以研磨黑胡椒和醬油為主角，再用新鮮檸檬汁帶出清新的風味，25 分鐘就烤出大人小孩都無法抗拒的雞翅！

## 食材

| | |
|---|---|
| 雞中翅或翅腿 | 共 12 隻 |

## 醃料

| | |
|---|---|
| 醬油 | 1.5 大匙 |
| 檸檬汁 | 0.5 大匙 |
| 蒜末 | 1 瓣 |
| 鹽 | 1/8 小匙 |
| 研磨黑胡椒 | 0.5 小匙 |
| 耐高溫植物油 | 1 大匙 |

# 黑胡椒檸檬醬烤雞翅腿

1 準備食材

雞中翅、翅腿
12隻

洗淨
擦乾

雞翅用叉子戳洞
有助入味

翅腿肉厚處
用刀劃開
幫助入味

2 醃料拌勻,加入雞翅、翅腿拌勻,
冷藏醃製2小時 (隔夜更佳).

醬油
1.5大匙

研磨
黑胡椒
0.5小匙

耐高溫
植物油
1大匙

蒜末
1瓣

檸檬汁
0.5大匙

鹽
1/8小匙

3 烤箱預熱200℃

4 烤盤鋪烘焙紙,擺好雞翅.
200℃烤15分鐘後.取出烤盤

烘焙紙

5 將雞翅、翅腿翻面,
再烤10分鐘上色後,即可享用♡

蒜鹽馬鈴薯絲

起司歐姆蛋

蒜炒青花椰雪白菇

蜂蜜芥末籽烤鮭魚排

不用醃，鮭魚排抹上醬汁直接烤十幾分鐘，就能在家做出餐廳等級的華麗料理。

## 食材

| | |
|---|---|
| 鮭魚切片 | 1 塊 |

## 醬汁

| | | | |
|---|---|---|---|
| 蜂蜜 | 2 小匙 | 研磨黑胡椒 | 適量 |
| 顆粒芥末籽醬 | 2 小匙 | 蒜泥 | 1 瓣 |
| 紅椒粉 | 1/8 小匙 | 檸檬汁 | 1 小匙 |
| 鹽 | 1/8 小匙 | | |

# *1* 準備食材

(1) 鮭魚1片洗淨擦乾
兩面灑一點鹽，靜置5分鐘。

鹽
適量

(2) 用紙巾
拭去水份除腥

# 蜂蜜芥末籽
# 烤鮭魚排

## NOTES

① 醬汁依魚排大小等比例增減。

② 烤的時間視魚排大小增減。烤太久魚肉會太乾，醬汁也會焦黑影響口味和美觀。建議烤 10 分鐘左右即開始觀察烤箱，適時取出魚排。

③ 錫箔紙易黏皮，使用烘焙紙為佳。

# *2* 將鮭魚去骨去刺，切成魚排。

# *3* 先調好醬汁

蜂蜜
2小匙

顆粒
芥末籽醬
2小匙

紅椒粉
1/8小匙

鹽
1/8小匙

研磨
黑胡椒
適量

蒜泥
1瓣

檸檬汁
1小匙

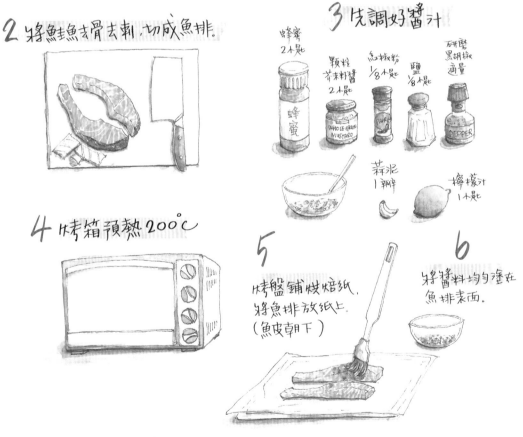

# *4* 烤箱預熱200°C

# *5* 烤盤鋪烘焙紙，
將魚排放紙上。
(魚皮朝下)

# *6* 將醬料均勻塗在
魚排表面。

# *7* 200°C 烤12-15分鐘，即可享用。
(視魚排大小)

奶油香炒
鮭魚杏鮑菇

高湯玉子燒 →

紫甘藍醋漬
白蘿蔔

蒜炒芥蘭花

筊白筍
炒肉絲

只用奶油和醬油就能簡單帶出鮭魚的美味，杏鮑菇豐富了這道主菜的視覺效果，營養也更加分！

## 食材

| | |
|---|---|
| 鮭魚切片 | 1 塊 |
| 杏鮑菇 | 2 根 |

## 去腥材料

| | |
|---|---|
| 鹽 | 適量（魚片去腥用） |

## 醃料

| | |
|---|---|
| 米酒 | 適量 |
| 研磨黑胡椒 | 適量 |
| 太白粉 | 1～2 大匙 |

## 調味料

| | |
|---|---|
| 奶油 | 2 小匙 |
| 醬油 | 1 大匙 |

## 2 處理鮭魚

(1) 鮭魚1片洗淨擦乾
兩面灑一點鹽,靜置5分鐘

鹽
適量

(2) 用紙巾拭去水份除腥

# 奶油香炒
# 鮭魚杏鮑菇

## 1

杏鮑菇2根
切成厚度0.5cm薄片

杏鮑菇
2根

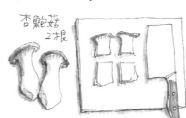

(4) 用一點米酒及黑胡椒輕輕抓醃.
表面再灑一點粉類。

(3)將鮭魚切片
(厚1.5cm,寬5cm)

半酒
適量

研磨
黑胡椒
適量

太白粉 ⟶ 玉米粉或
麵粉亦可
1-2大匙

料理米酒

PEPPER

太白粉
POTATO
STARCH

(去皮與否,視個人喜好)

## 3

熱油鍋,
將鮭魚片
煎至表面上色,
取出備用。
(鮭魚易碎,動作要輕)

## 4

原鍋加入杏鮑菇片,
將之煎熟。

奶油
2大匙

醬油
1大匙

醬油

## 5

加入魚片、奶油及醬油,
輕輕拌炒均勻,
即可享用♡

### Notes

①魚片易碎,切片時不要切太薄,煎和翻面時動作
要輕。

②魚肉較薄去皮不便的部位,可魚皮先朝下煎,部
位的油脂煎過會更香。

蒜香味噌
烤鮭魚

培根
高麗菜

醬漬
溏心蛋

蒜炒
龍鬚菜黑柮

做家常味噌烤鮭魚時，我會以 1：1 的比例，用米酒把味噌醬化開再醃魚，這道「蒜香味噌烤鮭魚」則是用帶有甜味的味醂和蒜末，來做口味上的區隔。

| 食材 | | 去腥材料 | | 醃料 | |
|---|---|---|---|---|---|
| 鮭魚切片 | 1 塊 | 鹽 | 適量 | 味噌 | 1.5 大匙 |
| | | | | 味醂 | 1.5 大匙 |
| | | | | 蒜泥 | 2 瓣 |

# 蒜香味噌 烤鮭魚

## 1 處理鮭魚

(1) 鮭魚片洗淨擦乾. 兩面灑一點鹽. 靜置5分鐘.

鹽 適量

(2) 用紙巾拭去水份除腥

## 2 將鮭魚去骨去刺. 切成魚排

## 3 將醃料調勻

味醂 1.5大匙

味噌 1.5大匙

蒜泥 2瓣

## 4 將醃料均勻抹在鮭魚兩面 冷藏醃製至少1小時.

## 5 烤箱預熱 200°C

## 6 烤魚

(1) 抹去魚表面的醃料 將鮭魚放在鋪了烘焙紙的烤盤.

(2) 200°C烤15分鐘. 即可享用.

NOTES

① 我通常使用一般超市就可買到的信州味噌，亦可使用自家 喜好的不同口味味噌。

② 味噌易焦，烤之前務必用手或廚房紙巾把醃料抹除再烤。

【 PART 】

2

# 開胃配菜

便當裡的配菜雖說是配角，卻是不可缺少的成員。各種綠色蔬菜之外，介紹幾道我的菜色給大家當參考，也許能讓大家多一點靈感。

燜 3 分鐘

燜 4 分鐘

燜 5 分鐘

燜 6 分鐘

水煮蛋

兒子希望便當裡都能有蛋料理，水煮蛋是最易取得的蛋白質來源，我因而開始常煮水煮蛋。我本是剝殼苦手，剝出來的蛋永遠顏面傷殘，在實驗無數次之後終於找到祕訣，現在無論冷藏蛋、室溫蛋都能煮出自己想要的蛋黃狀態，也能剝出像小 BABY 肌膚一樣光潔滑嫩的水煮蛋。

美式圖釘
較易施力

**1**

在蛋鈍的那一端
用圖釘戳一個洞
（慢慢刺，蛋不會裂的♡）
（針入蛋殼 0.5 cm 即可）

# 水煮蛋

**2** 冷藏蛋
　　冷水先下鍋

水蓋過蛋

水沸騰即熄火

煮
的
時
間
下
鍋
時
點
不
同!!

**3** 室溫蛋
　　滾水下鍋

想讓蛋黃
固定在中間，
煮蛋時可用
長筷輕輕
攪動蛋。

滾水煮3分鐘熄火

**4** 熄火後立刻
　　蓋上鍋蓋

燜悶3分鐘
溏心蛋

燜悶6分鐘
蛋黃九分熟

**5** 時間到，悶好
　的蛋立刻放入
　冰開水。

**6** 隨即用湯匙在水中
　輕輕敲裂蛋殼

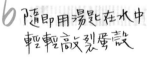

**7** 幾分鐘後
　蛋不燙手了，
　即可剝殼
　享用♡

# 水煮蛋

## 食材

NOTES

① 超過 5 顆蛋就需要調整時間。

② 帶常溫便當的蛋黃我大多煮九分熟,還有點濕潤感,好下嚥之外,也比較沒有安全的疑慮。

③ 煮牛肉麵等湯麵時,我喜歡給家人都加一顆燜 3 分鐘、蛋黃都還是流動狀態的溏心蛋,這種蛋浸泡醬汁後就是日式溏心蛋。

④ 燜 3 ～ 4 分鐘的溏心蛋因為蛋體較軟,用湯匙敲裂蛋殼及剝殼時動作要輕,才不會讓蛋白裂開。

### 食材

雞蛋 ———————— 4 ～ 5 顆

## 味噌醬漬溏心蛋

有別於大部分的日式溏心蛋醬汁大多要用掉各 100ml 的調味料，這個配方是用醃料的概念，3 種調味料只要各 1 大匙即可，勤儉持家的主婦們可以試試看。

**醃料**

| | |
|---|---|
| 味噌 | 1 大匙 |
| 醬油 | 1 大匙 |
| 味醂 | 1 大匙 |
| 冷開水 | 1 大匙 |

**作法**

1 將醃料放進乾淨塑膠袋裡揉勻。

2 將 4～5 顆煮好的溏心蛋放進袋中，蛋白均勻沾附醃料後，封好袋口冷藏醃漬 1 天即可享用。（期間可將蛋或塑膠袋換個方向，有助溏心蛋上色均勻。）

肉絲筍片

綠竹筍是夏天才有的美味，除了煮湯、竹筍沙拉和竹筍炒肉絲，我家還常吃這道肉絲筍片。簡單卻百吃不膩，就是所謂的家常口味。

| 食材 | | 醃料 | | 調味料 | |
|---|---|---|---|---|---|
| 豬肉絲 | 30 克 | 醬油膏 | 1 小匙 | 鹽 | 約 1 小匙 |
| 綠竹筍 | 2 根 | 米酒 | 1 小匙 | 水 | 400ml |
| 蔥 | 1 根 | 太白粉 | 0.5 小匙（可略） | | |

# 肉絲筍片

1 用醬油膏及米酒
將肉絲抓醃備用

豬肉絲
30g

醬油膏
1大匙

米酒
1大匙

太白粉
0.5大匙

亦可加點太白粉
肉絲口感更嫩

2 準備食材

綠竹筍2根
切薄片

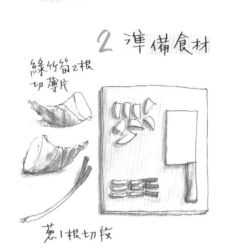

蔥1根切段

3 熱油鍋.
炒香蔥段

鹽
約1大匙

4 加肉絲
炒至肉色變白

肉絲下鍋前
加1大匙油拌一下
肉較易炒散

5 加入筍片及稍蓋過
筍片的水.大火煮滾.

水
約400ml

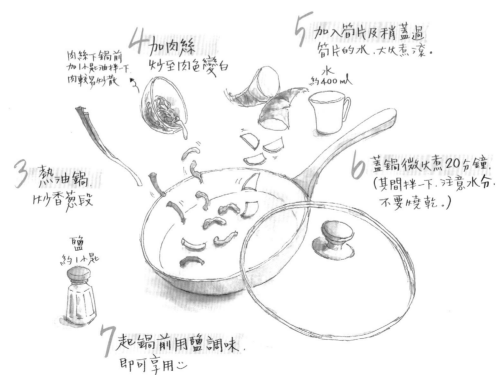

6 蓋鍋微火煮20分鐘.
(其間拌一下.注意水分.
不要燒乾。)

7 起鍋前用鹽調味.
即可享用

豆干肉絲

家家都有的豆干肉絲，每家都有自己習慣的口味，來看看我家的做法。無論是上桌或帶便當，弟弟每次都邊吃邊讚嘆超好吃！

### 食材

| | |
|---|---|
| 肉絲 | 150 克 |
| 五香豆干 | 10 片（約 300 克） |
| 葱 | 2 根 |
| 蒜頭 | 1 瓣 |
| 辣椒絲 | 適量 |

### 醃料

| | |
|---|---|
| 米酒 | 1 大匙 |
| 醬油 | 1 大匙 |
| 糖 | 1/4 小匙 |
| 太白粉 | 1 小匙 |
| 白胡椒粉 | 適量 |
| 炒菜油 | 適量 |

### 調味料

| | |
|---|---|
| 白醬油或醬油 | 1.5 大匙 |
| 胡椒鹽 | 適量 |
| 香油 | 1 小匙 |

# 豆干肉絲

*1* 肉絲用醃料均勻抓醃備用,
(覺得太乾可再加1大匙開水)

米酒 1大匙

醬油 1大匙

糖 1/4小匙

白胡椒粉 適量

太白粉 1小匙

肉絲 150g

*2* 準備食材
五香豆干10片(約300g)
先橫切成3-4片
再切成細絲

蒜頭碎 1瓣

辣椒絲 適量

青蔥 2根
先切段再切絲
蔥白蔥絲分開

*3* 將豆干投入滾水,
待水再度滾起,
撈起豆干絲,
瀝乾備用。

肉絲入鍋前
先加點油拌勻
肉較容易炒散

*4* 不沾鍋放2大匙油,
鍋溫後加入肉絲炒散
待肉絲肉色變白,
先撈起備用。

*6* 加入豆干絲拌炒均勻
(動作輕,以免炒斷)

白醬油 1.5大匙
↳醬油亦可

*7* 加入肉絲快炒勻,
用白醬油和
胡椒鹽調味。

胡椒鹽 適量

*5* 原鍋加入蒜頭碎
及蔥白絲炒香
(勿炒焦)

香油 1小匙

NOTES

① 用白醬油炒出來的豆干顏色比
較淡,在便當裡配色效果較好。

② 豆干絲先用滾水燙過可去除豆
腥味,口感也更軟嫩。

*8* 最後加蔥綠絲和辣椒絲,
淋上香油拌炒一下,
即可享用。

豆腐飯是減醣的好幫手，冰箱常備超市盒裝豆腐，保存期限比傳統市場散裝豆腐長，遇到下飯的重口味菜色，隨時可製作豆腐飯來取代白飯。

## 食材

家常豆腐 ————————— 1盒（火鍋豆腐、板豆腐亦可）

# 豆腐飯

或用玻璃保鮮盒裝水,再加鑄鐵鍋蓋。

**1** 家常豆腐1盒
(火鍋豆腐、板豆腐亦可)
開封後倒掉盒內水分

**2** 將豆腐放在不鏽鋼漏勺上

**3** 再用乾淨重物壓在豆腐上至少30分鐘,將豆腐水分徹底瀝乾。

↳ 可接水的料理盆

**4** 將豆腐放入不沾鍋內
用壓泥器將豆腐壓碎
(小心勿刮傷鍋子)

不用放油

若無壓泥器,直接用鍋鏟邊炒邊切碎。

**5** 中小火將豆腐碎炒乾剩餘的水分即可盛出享用♡

NOTES

① 嫩豆腐水分太多,較不建議使用。

② 確實用重物壓豆腐半小時能將多餘的水分擠出,可有效縮短炒乾豆腐的時間。用手繪圖裡的
做法,半小時能壓出約 100ml 的水。

③ 使用壓泥器在不沾鍋內壓碎豆腐時,請小心不要刮傷鍋面塗層,以免影響鍋子壽命。

香料鹽洋芋

這道香料鹽洋芋不用炸不用烤,先將馬鈴薯水煮切塊後簡單煎一下,家中現有各式調味粉自由搭配,即可變化各種不同口味。除了帶便當,也很適合當孩子們放學後的點心。

## 食材

小型馬鈴薯 ————— 2～4 個
(紅皮、黃皮皆可)

## 調味粉(自由搭配)

研磨黑胡椒
研磨鹽
各式義式乾燥香草
匈牙利紅椒粉

胡椒鹽
蒜味胡椒粉
起士粉

# 香料鹽洋芋

*1* 小型馬鈴薯2-4顆
（紅皮、黃皮皆可）
洗淨(不去皮)

水量蓋過
馬鈴薯

*2* 馬鈴薯冷水下鍋,
水滾後轉中小火
再煮8分鐘熄火,
取出放涼。

NOTES

① 若一次沒吃完，冷藏後要再吃時，先用烤箱復熱幾分鐘就一樣好吃。
② 洋芋也可以換成尺寸較小的地瓜，吃起來好像鹽酥雞攤的地瓜薯，
　 非常好吃。

*3* 先將馬鈴薯直向對切,
每半邊再切4等份月型。

*4* 平底鍋加
適量橄欖油,
中火將馬鈴薯
煎至兩面金黃。

研磨
黑胡椒 ／ 洋香菜葉
羅勒葉
(巴西利) ／ 匈牙利
紅椒粉

或廚房紙巾

*5* 料理盆內鋪吸油紙,
再放入煎好的薯塊。

*6* 灑上鹽、黑胡椒、
各式香草或調味粉,
自由搭配,口味百變!

研磨鹽 ／ 胡椒鹽 ／ 蒜味
胡椒粉 ／ 起士粉

*7* 輕輕甩動料理盆,
讓薯塊均勻沾附
調味粉,即可享用♡

涼拌干絲

小吃店的人氣小菜涼拌干絲一小盤就要幾十元，差不多的預算在市場就能買到的食材，加上家中現有的調味料，就能簡單做出一大盆哦！大人小孩吃得開心又過癮。

## 食材

| | |
|---|---|
| 干絲 | 300 克 |
| 芹菜 | 2 根 |
| 紅蘿蔔 | 1/4 根 |

## 調味料

| | |
|---|---|
| 蒜末 | 2 瓣 |
| 醬油膏 | 1 大匙 |
| 雞粉 | 1 小匙 |
| 鹽 | 1 小匙 |
| 白胡椒粉 | 適量 |
| 香油 | 1 大匙 |

# 涼拌干絲

1 芹菜段及紅蘿蔔絲
入滾水汆湯30秒撈起冰鎮。

紅蘿蔔
1/4根
切絲

芹菜2根
去葉切段

2 干絲(300g)
洗淨後,入滾水
煮1.5分鐘,
撈起瀝乾。

醬油膏
1大匙

蒜末
2瓣碎

雞粉
1小匙

鹽
1小匙

白胡椒粉
適量

香油
1大匙

3 干絲不燙手時,
加入芹菜、紅蘿蔔、
蒜末及調味料
拌勻。

**NOTES**
市售干絲軟硬度不一,燙干絲的時間
也請視情況和喜好調整。

4 最後拌入香油,即可享用。
(冷藏後風味更佳!!)

涼拌黑木耳

用檸檬汁代替烏醋做出的涼拌黑木耳，更添清新滋味。時令鳳梨入菜風味極搭，擺盤色彩更亮麗。

## 食材

| | |
|---|---|
| 新鮮黑木耳 | 200 克 |
| 新鮮鳳梨 | 1片（厚度1公分） |
| 嫩薑 | 5～8 薄片 |
| 香菜 | 1株 |
| 紅辣椒 | 適量（可略） |

## 調味料

| | |
|---|---|
| 檸檬汁 | 1大匙 |
| 糖 | 1大匙 |
| 醬油膏 | 2大匙 |
| 香油 | 1大匙 |

# 涼拌黑木耳

NOTES

不同鳳梨的甜度差異可能很大，如果買到太酸的鳳梨不用勉強加，否則讓這道菜變得難入口反而不好。

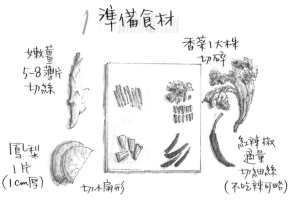

1 準備食材

嫩薑 5-8薄片 切絲

鳳梨 1片 (1cm厚) 切小扁形

香菜1大株 切碎

紅辣椒 適量 切細絲 (不吃辣可略)

2 新鮮黑木耳200g 洗淨,用手剝成一口大小。

3 黑木耳燙投入滾水 煮2-3分鐘後撈起

4 撈起的木耳 放入冰水冰鎮後, 瀝乾備用

5 將黑木耳、嫩薑絲及紅辣椒絲放入玻璃保鮮盒.

6 加入調味料拌勻

檸檬汁 1大匙

糖 1大匙

醬油膏 2大匙

香油 1大匙

7 最後加入鳳梨丁及香菜拌勻. 密封冷藏1小時讓味道融合, 即可享用。

蜂蜜檸檬
梅漬小番茄

酸酸甜甜的蜂蜜檸檬梅漬小番茄，放在常溫便當裡不但可以當開胃菜，討喜的紅色還有畫龍點睛的配色效果。

## 食材

| | |
|---|---|
| 小番茄 | 300 克 |
| 甘甜梅（數量隨喜） | 10 ～ 15 顆 |

## 調味料

| | |
|---|---|
| 蜂蜜 | 5 大匙 |
| 檸檬汁 | 1 顆 |
| 熱開水 | 100ml |

# 蜂蜜檸檬梅漬小番茄

1 酸梅加熱水泡至涼
　甘甜梅 10-15顆（視喜好）
　熱開水 100 ml

2 小番茄 300g 去蒂洗淨備用

3 在番茄皮上輕劃一刀

4 所有番茄投入滾水 10-15秒後即取出

5 取出的番茄立刻泡冰水去皮備用

6 在玻璃罐內加入蜂蜜及檸檬汁拌勻
　蜂蜜 5大匙
　檸檬汁 1顆

7 倒入變涼的酸梅及湯汁拌勻

8 加入去皮的小番茄拌勻，加蓋冷藏 1-2天即可享用

Notes

① 這道小菜的湯汁可以加點氣泡水或冰開水，也可添點新鮮蘋果切塊，就是好喝的消暑飲品。

② 這道小菜的蜂蜜用量較多，認真減醣的人就用無糖蜂蜜或直接跳過這道菜吧！

醬燒南瓜

用簡單的調味帶出南瓜的甜，10 分鐘就能上菜，熱食、常溫、帶便當通通合適。

## 食材

| | |
|---|---|
| 南瓜 | 1/4 個（去籽約 350 克） |
| 薑 | 3 片 |

## 調味料

| | |
|---|---|
| 白醬油或日式醬油 | 1 大匙 |
| 味醂 | 1 大匙 |
| 水 | 50ml |

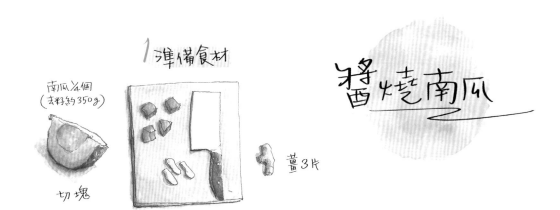

**1 準備食材**

南瓜¼個
(去籽約350g)

切塊

薑3片

# 醬燒南瓜

白醬油或
日式醬油
1大匙

味醂
1大匙

**4 加入醬油、味醂和水**
**加蓋小火燜8-10分鐘**
(期間翻動一下)

水
50ml

**3 加入南瓜塊**
稍微拌一下

**2 熱油鍋，**
炒香薑片

**5 開蓋後確認熟度和水分(收汁)，**
即可享用☺

Notes 南瓜品種不限，都可用這個烹調方式。

# 醬燒嫩豆腐

從備料到上桌十分鐘上菜，超市裡1盒十幾元的豆腐加上用剩的蔥和薑片，用的是家裡常備的調味料，還讓先生孩子說好吃，絕對是主婦良伴。

## 食材

| | |
|---|---|
| 火鍋豆腐或家常豆腐 | 1盒 |
| 嫩薑 | 3片 |
| 青蔥 | 1根 |

## 調味料

| | |
|---|---|
| 豆瓣醬 | 1大匙 |
| 醬油 | 1大匙 |
| 糖 | 1小匙 |
| 水 | 120ml |
| 香油 | 0.5小匙 |

太白粉水
（太白粉0.5小匙＋水1小匙拌勻）

火鍋豆腐或
家常豆腐
1盒

*1* 準備食材

火鍋豆腐

切2cm
大丁

嫩薑
3片

青蔥1根切蔥花
(蔥白、蔥綠分開)

醬燒嫩豆腐

**NOTES**

① 建議使用火鍋豆腐或家常豆腐,既能保有柔嫩
　的口感,煮的時候也比較不易碎。

② 若用超嫩豆腐,可用熱開水加1小匙鹽,將切
　丁後的豆腐泡熱鹽水10分鐘左右(水量蓋過豆
　腐)再瀝乾使用,豆腐會比較不容易碎。

*2* 先調好醬汁

醬油
1大匙

豆瓣醬
1大匙

糖
1小匙

水
120ml

*3* 熱油鍋,
中火炒香
蔥白籽薑片

*4* 加入調味料煮滾

*5* 加入豆腐丁,
蓋鍋中小火煮6分鐘
(期間稍拌一次)

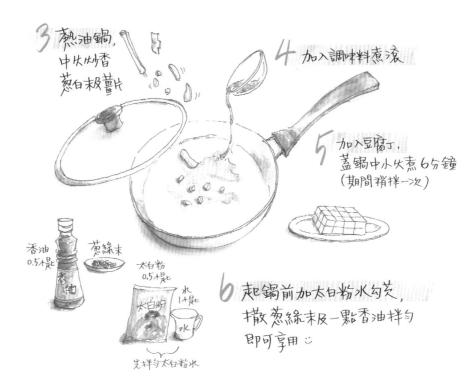

香油
0.5小匙

蔥綠末

太白粉
0.5小匙

水
1大匙

太白粉

先拌勻太白粉水

*6* 起鍋前加太白粉水勾芡,
撒蔥綠末及一點香油拌勻
即可享用 ♡

櫻花蝦
炒蘿蔔絲

這是我家從小吃到大的家常菜，身邊的朋友卻很少人知道可以這麼煮。現代大多是小家庭，往往只用半顆白蘿蔔煮湯就夠了，剩下的半顆可以試試這個煮法哦！

## 食材

| | |
|---|---|
| 櫻花蝦 | 1小把 |
| 白蘿蔔 | 半根 |
| 香菜 | 1株 |

## 調味料

| | |
|---|---|
| 慣用的調味粉 | 適量 |
| （如鮮味炒手、烹大師或鹽） | |
| 水 | 80～100ml |

1 準備食材
白蘿蔔半根切絲(0.7cm左右寬度)
(或適合自家人數的量)

香菜1株
切1.5cm段

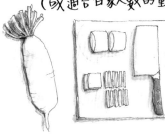

2 白蘿蔔絲加鹽抓勻.
靜置15分鐘出水
擰乾後沖水
瀝乾備用.

鹽
1/4小匙

3 櫻花蝦1小把
洗淨瀝乾備用

5 加入蘿蔔絲拌炒一下,
加水蓋鍋微火燜煮6分鐘。

水
80-100ml

適量
鮮味炒手 烹大師鰹魚風味調味料 鹽

4 熱油鍋.
爆香櫻花蝦.

6 用喜歡的調味粉調味,
加入香菜碎拌一下
即可享用♡

NOTES
① 櫻花蝦可以用乾蝦米代替,香菜也可改成蒜苗斜片,風味略有不同。
② 帶便當的話,水分不用多,煮時加80～100ml的水即可。若上桌當午晚餐菜色,水量可加至150ml燜煮,
享用濕潤的口感。

醋漬
紫甘藍白蘿蔔

在 IG 看日本媽媽做的便當裡，各種根莖類刻成的小花總是讓我眼睛一亮。雖然台灣能買到的模具種類不多，但使用最基本的兩種切模後再稍微加工，就能變身成便當裡最吸睛的點綴。做法很簡單，連我這個怕麻煩的人都願意在剛買菜回家後，花五分鐘刻幾個紅白蘿蔔小花簡單醃一下，需要時直接從冰箱取用。

## 食材

| | |
|---|---|
| 白蘿蔔刻花 | 數顆 |
| 紫甘藍 | 1/8 個 |

## 醃漬醬汁 1：果醋蜜

| | |
|---|---|
| 無糖蘋果醋 | 2 大匙 |
| 蜂蜜（或糖） | 1 大匙 |
| 鹽 | 1 小撮 |

## 醃漬醬汁 2

| | |
|---|---|
| 壽司醋 | 2～3 大匙 |

NOTES

① 也可以用壽司醋加一點葡萄汁或蔓越莓汁等有顏色的果汁，讓白蘿蔔刻花醃漬之後酸甜又上色。

② 白蘿蔔才能染色，紅蘿蔔則用壽司醋直接醃顯現本色為佳。

③ 除了白蘿蔔、紅蘿蔔可醃漬生食，南瓜、地瓜、綠花椰莖等，也可用相同方式刻花再烹調，菜色擺盤更吸睛。

# 蘿蔔刻花

**1** 用蔬菜切模
將蘿蔔切出花型

紅/白蘿蔔
切段

約 2 cm

**2** 再將之切成
0.7cm左右
薄片

**3** 花心做記號,
從花瓣凹處向花心
斜切出刀痕。

勿切斷,
外側切到厚度一半即可
(外深內淺)

橘花模切法亦同.
● 花心做記號,以對角線
切出刀痕(實線)
● 再以45°角自花瓣中間
偏左,向左斜切(虛線)

**4** 兩種切法

(1) 在花瓣中間偏左
以45°角斜切至
花瓣左邊刀痕

(2) 或從花瓣右邊刀痕
整片斜切至左邊刀痕

切至厚度一半

※若左手為慣用手,請反向操作較順※

# 醋漬紫甘藍白蘿蔔

無糖
蘋果醋
2大匙

蜂蜜與糖
2擇1即可

蜂蜜
1大匙

糖
1大匙

鹽
1小撮

果醋蜜

黑糖
蘋果醋

蜂蜜

+ 或 +

**1** 紫甘藍 1/8個
切細絲
放入保鮮盒

**3** 投入白蘿蔔刻花,
攪拌一下,冷藏一夜
染色又入味,漂亮又好吃!!

壽司醋
2-3大匙

壽司醋

**2** 加入果醋蜜拌勻,
或直接用壽司醋亦可。

〖 PART 〗

*3*

# 暖心湯品和飲品

天冷或寒流來時,早上給兒子準備常溫便當之外,我會再用真空保溫罐裝熱湯。

保溫罐先用滾水溫壺 1 分鐘,倒掉熱水後裝入剛煮滾的熱湯並立刻鎖緊盒蓋,中午就能喝到熱騰騰的湯。

手繪圖裡是幾道我常煮的湯品,大多會在前一天就先煮好,早上再加熱裝罐。

# 竹笙山藥雞湯

一鍋從雞骨架開始熬煮，用時間換來的濃郁雞湯，除了營養還有煲湯的人想傳達的心意。

NOTES

① 沒時間熬雞骨高湯，可直接使用市售雞高湯。
② 山藥下鍋前再去皮切塊，以免接觸空氣太久而氧化變色。
③ 不同品種山藥軟硬度不一，我的經驗是白山藥煮半小時就很鬆軟，時間太長易散；
　　陽明山山藥久煮不爛，可一開始就和雞腿同時下鍋。
④ 竹笙可在大一點的傳統市場或迪化街買到，選不要太白、不要有刺鼻味道的較佳。
　　（買不到竹笙，湯裡不放也沒關係。）
⑤ 竹笙的網狀部位是可以吃的。

### 雞高湯食材

| | |
|---|---|
| 雞骨架 | 2～3付 |
| 米酒 | 2 大匙 |
| 薑 | 3 片 |
| 蔥 | 1 根 |
| 洋蔥 | 半顆 |
| 清水 | 2.5 公升 |

### 食材

| | |
|---|---|
| 土雞腿 | 1 隻 |
| 竹笙 | 5 根 |
| 山藥 | 300 克 |
| 薑 | 3 片 |
| 黑木耳 | 2 朵 |
| 乾香菇 | 4 朵 |
| 紅棗 | 6 顆 |
| 枸杞 | 1 把 |

### 調味料

| | |
|---|---|
| 鹽 | 適量 |

### 其他

| | |
|---|---|
| 白醋 | 1 大匙 |

（竹笙去異味用）

# 竹笙山藥雞湯

1 雞骨架及雞腿切塊
冷水入鍋,煮至水滾3分鐘,
取出洗淨瀝乾備用。

土雞腿
1隻
切塊

雞骨架
2-3付

2 燉煮雞骨高湯

(1)
鍋內加清水2.5公升、
蔥、薑、酒、洋蔥及
燙過的雞骨架。

米酒
2大匙

蔥1根

薑3片

(2)
水滾後加蓋,
轉微火燉2小時。
熄火濾掉食材
及浮油
即為雞骨高湯。

洋蔥粗絲半顆
(用滷包袋包起)

白醋
1大匙

竹笙
5根

白醋

3 竹笙泡醋水
15分鐘,
洗淨雜質後,
沖清水瀝乾。

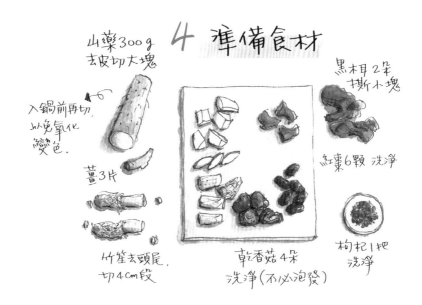

山藥300g
去皮切大塊

入鍋前再切
以免氧化
變色.

薑3片

竹笙去頭尾,
切4cm段

4 準備食材

黑木耳2朵
撕小塊

紅棗6顆 洗淨

乾香菇4朵
洗淨(不必泡發)

枸杞1把
洗淨

5 燉鍋內加入高湯、
汆湯過的雞腿、
薑片、黑木耳及香菇。

雞骨高湯
2公斤

6 水滾後
蓋鍋小火煮半小時。

7 加入山藥、竹笙及紅棗,
蓋鍋小火再燉半小時。

鹽
適量

8 以鹽調味,加入枸杞,
再以小火煮5分鐘,即可享用。

泰式排骨湯

這是我的泰僑媽媽好友 Pui 的家鄉夜市小吃，我覺得煮起來很像清爽版的肉骨茶。她教我這道湯時提到，小攤一般是賣湯泡飯。在家若泡飯吃，我還會再加一顆溏心蛋，又是一鍋解決一餐。

## 食材

| | |
|---|---|
| 排骨 | 900 克 |
| 薑 | 3 片 |
| 杏鮑菇 | 3 ～ 4 根 |

## 調味料

| | |
|---|---|
| 米酒 | 2 大匙 |
| 蠔油 | 2 大匙 |
| 白醬油 | 1 大匙 |
| 大蒜粉 | 3 大匙（或蒜頭 20 顆） |
| 白胡椒粉 | 0.5 小匙 |
| 鹽 | 適量 |
| 水 | 1600ml |

泰式排骨湯

喜歡的排骨部位
1.5斤 (900g)

*1* 排骨冷水入鍋,
水滾續煮3分鐘,
撈出排骨洗淨
瀝乾備用。

*2* 準備食材

薑3片

杏鮑菇
3-4根

切片 (厚度0.5cm)

*3* 燉鍋加水、薑片及米酒
煮滾,再加燙過的排骨,
水滾後蓋鍋小火煮
1小時至肉軟。

一塊塊慢慢加,
別讓水溫一下降太多,
湯才不易濁。

水
1600ml

米酒
2大匙

料理米酒

*4* 加入杏鮑菇片、蠔油、白醬油、
白胡椒及大蒜粉,再以鹽調味,
小火再煮10分鐘左右,
即可享用。

蠔油
2大匙

不介意湯色較深者,
用醬油也可以

白醬油
1大匙

大蒜粉
3大匙

鹽
適量

白胡椒粉
0.5大匙

蠔油　白醬油　大蒜粉　白胡椒

**NOTES**

若沒有蒜頭粉,可以用市售滷包袋裝入 20 瓣蒜頭(洗淨即可,不須去皮),和排骨同時入鍋一起燉即可。

豚汁蔬菜湯

改編自漫畫的日劇《深夜食堂》，牆上掛著的唯一菜單「豚汁定食」裡的豚汁蔬菜湯，做法簡單口味卻極豐富。用豬肉薄片加上喜歡的蔬菜，20 分鐘就煮出一鍋營養豐富又暖心的好湯！

## 食材

| | | | | |
|---|---|---|---|---|
| 豬五花薄片 | 200 克 | 洋蔥 | 半顆 |
| 高麗菜 | 1/8 顆 | 紅蘿蔔 | 30 克 |
| 鴻喜菇 | 半包 | 白蘿蔔 | 50 克 |
| 金針菇 | 半包 | 青蔥 | 1 根 |

## 調味料

| | |
|---|---|
| 味噌 | 3 大匙 |
| 味醂 | 1 大匙 |
| 烹大師鰹魚風味調味料 | 1 小匙 |
| 熱開水 | 1000ml |

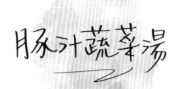
豚汁蔬菜湯

## 1 準備食材 (1)

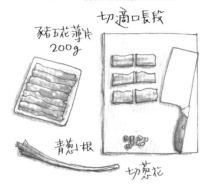

切適口長段

豬五花薄片
200g

青蔥1根

切蔥花

NOTES

① 味噌一定要先用熱水化開，或者放在大湯杓內在熱湯裡慢慢化開。

② 建議紅蘿蔔和鴻喜菇（或新鮮香菇切片）當基本班底，煮出來顏色
　較有變化。

③ 蔬菜切的形狀一致，都是長粗絲或都是丁狀為佳。

## 2 準備食材 (2)

高麗菜 1/8 顆
切粗絲

洋蔥半顆
切粗絲

鴻喜
半
菇包

分株

紅蘿蔔
30g

切薄片

白蘿蔔
50g

金針菇
半包

切半

## 3 用一點熱開水
將味噌化開

味噌
3大匙

可先煮滾 1000 ml
熱開水備用

## 6 投入其他蔬菜，
將菜稍微炒軟。

## 5 加入五花肉片，
炒至肉色變白。

## 7 或昆布高湯

加入熱開水、烹大師、
味醂及化開的味噌，
水滾後小火煮 15 分鐘。

## 4 加熱湯鍋，
用 1.5 大匙油
將洋蔥絲炒軟。

熱開水 1000 ml

冷水也可以

烹大師
鰹魚風味
調味料

味醂
1大匙

1大匙

已化開的味噌

## 9 最後灑點蔥花，
即可享用

## 8 煮湯時用杓子
撈去浮沫

麻油菇菇雞湯

天冷時最適合喝麻油雞湯了！加了菇類和高麗菜的溫合版麻油菇菇雞湯，是孩子們也能接受的口味。有肉有菜，營養均衡，還可以配飯或加麵線，一鍋解決一餐。

## 食材

| | |
|---|---|
| 土雞腿切塊 | 1～2 隻(約 600 克) |
| 老薑 | 12 片 |
| 高麗菜 | 適量 |
| 金針菇 | 1 包 |
| 鴻喜菇 | 1 包 |
| 枸杞 | 1 把 |

## 調味料

| | |
|---|---|
| 麻油 | 2～3 大匙 |
| 米酒 | 100ml |
| 雞粉 | 1 大匙 |
| 鹽 | 適量 |
| 熱開水 | 2 公升 |

# 麻油菇菇雞湯

**1** 土雞腿1-2隻
（約600g）

冷水入鍋，
煮至水滾3分鐘，
取出洗淨，
瀝乾備用。

**NOTES**

① 麻油在高溫下易變苦，若沒有耐心用麻油小火煏薑片，可先用少許
炒菜油來煏，等加熱水後才加麻油。

② 加了雞粉的湯頭味道較濃，若沒有或不喜歡調味粉，不加也沒關係。

**2** 準備食材

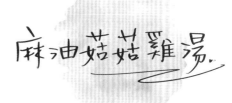

老薑

切薄片
12片

金針菇1包
去根部
剝散

鴻喜菇1包
去蒂頭
分小株

高麗菜
適量
手撕成小片

枸杞1把
洗淨瀝乾

**4** 加入雞腿，
中火將皮煎一下

煮煮滾的
熱開水
2公升

米酒
100ml

**5** 加入熱開水、米酒和雞粉，
湯汁再度滾後，加蓋小火
煮20分鐘。

**3** 燉鍋加麻油
用小火煏香薑片

麻油
2-3
大匙

雞粉
1大匙

**6** 加入金針菇和鴻喜菇，
加蓋小火再煮20分鐘。

鹽
適量

**7** 最後加入高麗菜和枸杞，
煮5分鐘，以鹽調味，即可享用。

# 義大利蔬菜牛肉湯

這道義大利蔬菜牛肉湯，大塊牛肉加上滿滿的蔬菜，只要一鍋老公小孩就都吃得很滿足。不介意吃點澱粉的話，可以搭配法棍麵包更有飽足感。

## 食材

| | | | | |
|---|---|---|---|---|
| 牛腱 | 2 條 | 高麗菜 | 3 大片 | |
| 牛番茄 | 2 顆 | 切丁番茄罐頭 | 400 克 | |
| 洋蔥 | 1 顆 | | | |
| 紅甜椒 | 半顆 | | | |
| 西洋芹 | 2 根 | | | |
| 紅蘿蔔 | 1 根 | | | |
| 蒜頭 | 3 瓣 | | | |

## 調味料

| | |
|---|---|
| 橄欖油 | 2 大匙 |
| 鹽 | 1 小匙 |
| 月桂葉 | 2 片 |
| 水 | 1200ml |
| 義大利香料 | 1 小匙 |
| 蒜味胡椒鹽 | 1 大匙 |

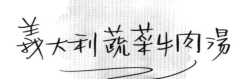

# 義大利蔬菜牛肉湯

1 牛腱2條,切成4cm塊
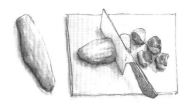

2 番茄去皮,牛肉汆燙

牛番茄2顆

(1) 牛番茄的底部切十字,入滾水1分鐘撈起冰鎮後,去皮備用。

(2) 切好的牛腱汆燙後撈起洗淨備用

3 準備食材

切薄片　　西洋芹2根

洋蔥1顆

切2cmJ

紅甜椒半顆

紅蘿蔔1根

切對半再切薄片

4 準備食材

去皮番茄2顆切2cmJ

高麗菜3大片切3cm大丁

蒜頭3瓣,用刀背拍裂

6 加入紅蘿蔔,西洋芹,甜椒翻炒3分鐘。

5 熱燉鍋,用橄欖油將洋蔥丁加鹽炒至熟軟

7 加入新鮮番茄丁翻炒3分鐘。

8 加入切丁番茄罐頭,水,牛肉,月桂葉,蒜頭,調味料,滾後加蓋燉1小時,熄火悶1小時。

橄欖油2大匙　鹽1小匙

切丁番茄罐頭400g

水1200ml

汆燙火過的牛腱塊

月桂葉2片

義大利香料1小匙　蒜頭3瓣　蒜味胡椒鹽1大匙

9 加入高麗菜丁,水滾後煮5分鐘(可加鹽調味)即可享用

NOTES 西洋芹可用幾根普通芹菜代替。

# 蒜頭洋蔥雞湯

天涼就想喝一碗雞湯暖身！若是喝膩了香菇雞湯，可以試試這道蒜頭洋蔥雞湯換個口味。洋蔥和蒜頭熬煮的湯頭鮮甜，加上能幫助消化、增強免疫力的娃娃菜，有助預防感冒哦！

## 食材

| | |
|---|---|
| 土雞腿切塊 | 1 隻 |
| 洋蔥 | 1 顆 |
| 薑 | 3 片 |
| 蒜頭 | 12 瓣 |
| 娃娃菜 | 2 株 |

## 調味料

| | |
|---|---|
| 米酒 | 2 大匙 |
| 水 | 2 公升 |
| 白胡椒粉 | 適量 |
| 鹽 | 適量 |

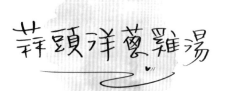

NOTES 可在最後加入半斤吐過沙的蛤蜊，煮至蛤蜊開口即可享用。

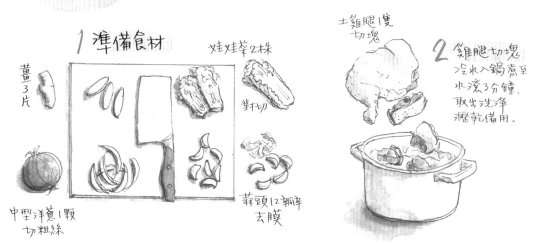

1 準備食材

娃娃菜2株
對切

薑3片

中型洋蔥1顆
切粗絲

蒜頭12瓣辛
去膜

土雞腿1隻
切塊

2 雞腿切塊
冷水入鍋煮至
水滾3分鐘,
取出洗淨
瀝乾備用。

3 湯鍋加水、
薑片、洋蔥絲
及蒜頭,
大火煮滾。

若不愛煮碎的蒜頭,
可將它們裝進
滷包袋下鍋。

4 加入去過血水的雞腿和米酒,
再次煮滾後,蓋鍋小火煮30分鐘。

水2公升

米酒2大匙

料理米酒

適量
白胡椒粉 鹽

5 開蓋加入娃娃菜
小火煮10分鐘。

6 以鹽和白胡椒粉調味,
即可享用。

韓式海帶芽
排骨湯♡

從韓式海帶芽牛肉湯變化而來的韓式海帶芽排骨湯，讓無肉不歡的老公和小孩吃得更過癮。

# 韓式海帶芽 排骨湯

喜歡的排骨部位
600-900g

**1** 排骨冷水入鍋,
水滾續煮3分鐘,
撈出排骨洗淨,
瀝乾備用。

韓國海帶芽
30g

**2** 韓國海帶芽用水泡發
瀝乾後切成適口長段。

**3** 熱燉鍋,加入麻油及海帶芽,
翻炒3分鐘。

**4** 加入燙過的排骨和水,
水滾後加蓋小火燉煮
1小時至肉軟。

麻油
1.5大匙

水
1.5-2公升

醬油
2大匙

鹽
適量

蒜泥
1瓣

**5** 加入醬油、蒜泥和鹽調味,
再煮5分鐘使味道融合,
即可享用♡

# 韓式海帶芽排骨湯

## 食材

NOTES

韓國海帶芽在超市或大賣場都不太容易找到,但購物網站上很容易就能買到,價格也不是很貴。雖說日式海帶芽也可用同樣的煮法,但口感和味道還是韓國海帶芽更道地好喝,推薦大家可以一試。

### 食材

| | |
|---|---|
| 排骨 | 600 ～ 900 克 |
| 韓國海帶芽 | 30 克 |

### 調味料

| | |
|---|---|
| 麻油 | 1.5 大匙 |
| 醬油 | 2 大匙 |
| 蒜泥 | 1 瓣 |
| 水 | 1.5 ～ 2 公升 |
| 鹽 | 適量 |

延伸菜單

## 韓式海帶芽牛肉湯

**食材**

牛肉薄片 ————— 200 克（切粗絲）
韓國海帶芽 ————————— 30 克
（用水泡發，撈出瀝乾切適口長段）

**調味料**

麻油 ————————— 1.5 大匙
水 ———————————— 1.5 公升
醬油 ————————— 1.5 大匙
蒜泥 ———————————— 1 瓣
鹽 ————————————— 適量

**作法**

1　熱湯鍋，加入麻油，將牛肉絲炒至變色，再加入泡發的海帶芽炒 3 分鐘。

2　加水煮滾後，加蓋小火煮 30 分鐘。

3　加醬油、蒜泥拌勻，以鹽調味，再煮 5 分鐘後即可享用。

Green Smoothie

蔬果綠拿鐵

綠拿鐵是國外流行多年的蔬果綠奶昔 Green Smoothie，其實就是蔬果汁，國內慣稱綠拿鐵。我每天都會儘量給全家人準備一壺綠拿鐵補充蔬果營養，家人都很喜歡，感覺更健康。除了手繪圖裡的重點，以下幾個經驗給大家參考：

- 平時不太愛吃的、味道太重的蔬菜就不要加（例如很多人不愛的秋葵，或味道很重的青椒）。

- 葉菜儘量用沒有特殊味道的種類，那些平時拿來炒而家人會嫌沒味道的葉菜，打綠拿鐵就很合適，比如青江菜、小松菜、小白菜、黑葉白菜……等等，打出來的蔬果汁反而更容易入口。

- 當然可以使用有機無菌栽培生菜，不過我這個精打細算的主婦是覺得，有機店或超市裡有機蔬菜 3 包約 100 元的價位，就能做到多樣均衡的目標了。那些很貴的有機生菜，我覺得還是搭配排餐生吃，比較能品嘗到它的美味和口感。

- 很多女性朋友一聽到蔬果汁都會問會不會太寒？我查到的書和網上資料都說可以加薑片、咖哩粉或薑黃粉來中和，但我個人覺得，平時在家炒這些青菜吃從來不覺得太寒，現在燙過打成蔬果汁，應該也不太需要考量這個問題，所以我都沒有加。

- 除了綠拿鐵，當然也可以把同色系的蔬果打成黃拿鐵或紅拿鐵。這篇是綠拿鐵入門，有興趣的人可以再上網查看食材和比例。

- 打好的綠拿鐵立刻喝風味最佳，若沒喝完請冷藏，並儘量在半天內喝完。沒喝完的綠拿鐵用玻璃飲料瓶分裝（照片中就是市售玻璃飲料瓶再利用），好看又方便飲用之外，比起塑膠容器，在安全上也比較沒有疑慮。

- 最後一個提醒是，請務必使用馬力強一點的果汁機或食物調理機，打得夠綿密才容易入口。堅果類可以和蔬果一起打成綿密狀，也可以最後再加且不用打碎，保留一點口感也很棒。

# 蔬果綠拿鐵

*Green Smoothie*

**1** 蔬果份量比例

 蔬菜：水果

初入門　3：7

慢慢調整　5：5

**2** 適合的蔬菜及事前處理
（任選幾種搭配）

(1) 葉菜類：水滾熄火燙30秒

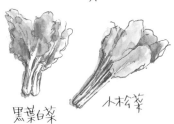

青江菜

黑葉白菜

小松菜

(2) 花椰菜分小株
滾水下鍋煮3分鐘

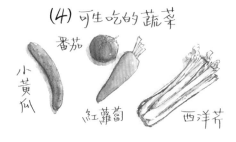

(3)

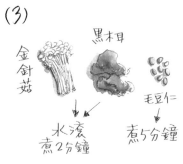

金針菇

黑木耳

毛豆仁

水滾
煮2分鐘

煮5分鐘

(4) 可生吃的蔬菜

番茄

小黃瓜

紅蘿蔔

西洋芹

**3** 不敗水果選項
（自由搭配）

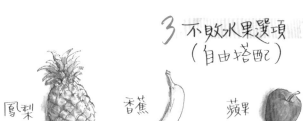

鳳梨

香蕉

蘋果

百香果

檸檬汁
（亦可加一點皮）

香吉士
（去皮）

芭樂

**4**

也可以加一木把堅果
或一湯匙奇亞籽。

無調味
堅果

奇亞籽

**6**

想喝冰一點,
加一些冰塊

**5**

加入白開水

蔬果份量的
5-7分滿
(溫或冷水皆可)

**7**

用馬力較強的果汁機
或食物調理機
打至綿密或喜好的
口感,即可享用

# Rea手繪食譜 是便當也是餐桌料理

## 88道零失敗減醣食譜

食材好買、調味料現成、做法簡單，一看就上手，讓人吮指回味！

作　　　者／賴佳芬 REA
美術編輯／申朗創意
企畫選書人／賈俊國

總　編　輯／賈俊國
副總編輯／蘇士尹
編　　　輯／高懿萩
行銷企畫／張莉滎‧黃欣‧蕭羽猜

發　行　人／何飛鵬
法律顧問／元禾法律事務所王子文律師
出　　　版／布克文化出版事業部
　　　　　　台北市中山區民生東路二段 141 號 8 樓
　　　　　　電話：(02)2500-7008　傳真：(02)2502-7676
　　　　　　Email：sbooker.service@cite.com.tw
發　　　行／英屬蓋曼群島商家庭傳媒股份有限公司城邦分公司
　　　　　　台北市中山區民生東路二段 141 號 2 樓
　　　　　　書虫客服服務專線：(02)2500-7718；2500-7719
　　　　　　24 小時傳真專線：(02)2500-1990；2500-1991
　　　　　　劃撥帳號：19863813；戶名：書虫股份有限公司
　　　　　　讀者服務信箱：service@readingclub.com.tw
香港發行所／城邦（香港）出版集團有限公司
　　　　　　香港灣仔駱克道 193 號東超商業中心 1 樓
　　　　　　電話：+852-2508-6231　　傳真：+852-2578-9337
　　　　　　Email：hkcite@biznetvigator.com
馬新發行所／城邦（馬新）出版集團 Cité (M) Sdn. Bhd.
　　　　　　41, Jalan Radin Anum, Bandar Baru Sri Petaling,
　　　　　　57000 Kuala Lumpur, Malaysia
　　　　　　電話：+603- 9057-8822　　傳真：+603- 9057-6622
　　　　　　Email：cite@cite.com.my
印　　　刷／卡樂彩色製版印刷有限公司
初　　　版／2021 年 05 月
初版 6 刷／2021 年 12 月
定　　　價／550 元
ＩＳＢＮ／978-986-5568-57-3
ＥＩＳＢＮ／9789865568610（EPUB）

城邦讀書花園　布克文化
www.cite.com.tw　WWW.SBOOKER.COM.TW